上海市中等职业学校
城市燃气智能输配与应用
专业教学标准

上海市教师教育学院（上海市教育委员会教学研究室）编

上海教育出版社
SHANGHAI EDUCATIONAL
PUBLISHING HOUSE

上海市教育委员会关于印发上海市中等职业学校
第六批专业教学标准的通知

各区教育局，各有关部、委、局、控股(集团)公司：

为深入贯彻党的二十大精神，认真落实《关于推动现代职业教育高质量发展的意见》等要求，进一步深化上海中等职业教育教师、教材、教法"三教"改革，培养适应上海城市发展需求的高素质技术技能人才，市教委组织力量研制《上海市中等职业学校数字媒体技术应用专业教学标准》等 12 个专业教学标准(以下简称《标准》，名单见附件)。

《标准》坚持以习近平新时代中国特色社会主义思想为指导，强化立德树人、德技并修，落实课程思政建设要求，将价值观引导贯穿于知识传授和能力培养过程，促进学生全面发展。《标准》坚持以产业需求为导向明确专业定位，以工作任务为线索确定课程设置，以职业能力为依据组织课程内容，及时将相关职业标准和"1＋X"职业技能等级证书标准融入相应课程，推进"岗课赛证"综合育人。

《标准》正式文本由上海市教师教育学院(上海市教育委员会教学研究室)另行印发，请各相关单位认真组织实施。各学校主管部门和相关教育科研机构，要根据《标准》加强对学校专业教学工作指导。相关专业教学指导委员会、师资培训基地等，要根据《标准》组织开展教师教研与培训。各相关学校，要根据《标准》制定和完善专业人才培养方案，推动人才培养模式、教学模式和评价模式改革创新，加强实验实训室等基础能力建设。

附件：上海市中等职业学校第六批专业教学标准名单

上海市教育委员会

2023 年 6 月 17 日

附件

上海市中等职业学校第六批专业教学标准名单

序号	专业教学标准名称	牵头开发单位
1	数字媒体技术应用专业教学标准	上海信息技术学校
2	首饰设计与制作专业教学标准	上海信息技术学校
3	建筑智能化设备安装与运维专业教学标准	上海市西南工程学校
4	商务英语专业教学标准	上海市商业学校
5	城市燃气智能输配与应用专业教学标准	上海交通职业技术学院
6	幼儿保育专业教学标准	上海市群益职业技术学校
7	新型建筑材料生产技术专业教学标准	上海市材料工程学校
8	药品食品检验专业教学标准	上海市医药学校
9	印刷媒体技术专业教学标准	上海新闻出版职业技术学校
10	连锁经营与管理专业教学标准	上海市现代职业技术学校
11	船舶机械装置安装与维修专业教学标准	江南造船集团职业技术学校
12	船体修造技术专业教学标准	江南造船集团职业技术学校

第一部分

上海市中等职业学校城市燃气智能输配与应用专业教学标准

1　专业名称(专业代码)

1　入学要求

1　学习年限

1　培养目标

1　职业范围

2　人才规格

3　主要接续专业

3　工作任务与职业能力分析

8　课程结构

9　专业必修课程

14　指导性教学计划

16　专业教师任职资格

16　实训(实验)装备

第二部分

上海市中等职业学校城市燃气智能输配与应用专业必修课程标准

19　　燃气具安装与维修课程标准

28　　建筑设备安装课程标准

37　　燃气客户服务课程标准

44　　燃气工程施工课程标准

52　　工程测量课程标准

57　　热工测量与智能仪表课程标准

65　　燃气燃烧应用课程标准

71　　燃气输配与智能管网运行课程标准

78　　城市燃气基础课程标准

83　　电工电子基础课程标准

92　　燃气管道工程制图与识图课程标准

98　　燃气管道工程 CAD 课程标准

104　　流体输送课程标准

第一部分

上海市中等职业学校
城市燃气智能输配与应用专业教学标准

专业名称（专业代码）

城市燃气智能输配与应用(640603)

入学要求

初中毕业或相当于初中毕业文化程度

学习年限

三年

培养目标

本专业坚持立德树人、德技并修、学生德智体美劳全面发展,主要面向燃气生产和供应全产业链等企事业单位,培养具有良好的思想品德与职业素养、必备的文化与专业基础,能从事燃气管网运行维护、燃气工程施工与管理、燃气客户服务、燃气具安装维修、燃气供应服务、燃气储运、燃气用户安检、液化石油气和液化天然气加气配送等相关工作,具有燃气管网、燃气服务等职业领域发展基础的知识型发展型高素质技术技能人才。

职业范围

序号	职业领域	职业(岗位)	职业技能等级证书 (名称、等级、评价组织)
1	燃气管网	燃气管网运行维护	燃气储运工(五级) 评价组织：上海市燃气行业协会

序号	职业领域	职业（岗位）	职业技能等级证书 （名称、等级、评价组织）
2	燃气管网	燃气工程施工与管理	计算机辅助绘图（AutoCAD 初级） 评价组织：上海计算机应用能力测评中心
3			工程测量员（五级） 评价组织：上海市市政行业岗位培训考核管理办公室
4	燃气服务	燃气客户服务	燃气供应服务员（五级） 评价组织：上海市燃气行业协会
5		燃气具安装维修	电工（五级） 评价组织：沪东中华造船（集团）有限公司

▌人才规格

1. 职业素养

● 具有深厚的爱国情感和中华民族自豪感，在习近平新时代中国特色社会主义思想指引下，坚定拥护中国共产党领导和我国社会主义制度。

● 具有良好的体质和心理素质以及热爱劳动、吃苦耐劳的职业精神。

● 具有质量意识、环保意识、安全意识、信息素养、工匠精神、创新思维。

● 具有正确的世界观、人生观、价值观，具有良好的人际交往、相互协作的团队精神。

● 具有终身学习和可持续发展的能力，具有一定的分析问题和解决问题的能力。

● 具有遵纪守法意识，自觉遵守与本专业相关职业领域相适应的职业道德和法律法规。

● 具有良好的公民意识，能自觉遵守行业规范和企业规章制度的行业意识，具有服务、责任、安全生产的职业意识。

2. 职业能力

● 能识别常用燃气具的结构，并按操作规程完成常用燃气具的安装与调试。

● 能根据现象判断常用燃气具故障点并进行维修维护。

● 能合理选择燃气管材及管件，完成燃气管道加工和连接。

● 能按照施工图进行燃气等相关管道系统、设备的布置、敷设和安装。

● 能识读燃气施工图，并按规范进行组织、协调施工现场。

● 能使用工具、仪器进行施工测量外业实训操作和内业数据处理。

- 能规范使用热工测量设备及相关工具进行安装、调试、数据采集。
- 能运用燃气燃烧技术知识进行燃气燃烧计算和民用燃气设备检测。
- 能使用信息技术协助完成燃气输配工作,进行专业信息数据的识读、处理与分析。
- 能熟练运用燃气智能管网进行检测、调度、维护。
- 能运行和维护燃气输配场站设施及燃气调压设备。
- 能规范使用电工电子测量仪器与仪表,并且熟练读出仪器仪表显示内容。
- 能按要求对电工电子线路进行安装连接、调试、故障排查。
- 能熟练运用CAD软件,识读和绘制燃气管道工程图。
- 能按照燃气销售与服务的流程、职责和服务礼仪,完成产品销售与售后服务。
- 能熟练操作常用流体输送设备并进行流体计算与分析。

主要接续专业

高等职业教育专科: 城市燃气工程技术(540602)、市政工程技术(440601)

高等职业教育本科: 城市设施智慧管理(240602)、市政工程(240601)

工作任务与职业能力分析

工作领域	工作任务	职　业　能　力	
1. 民用燃气具安装与维修	1-1 燃气热水器安装调试与维修	1-1-1	能根据家用燃气热水器安装规范和产品说明书使用相应工具对燃气热水器进行安装
		1-1-2	能根据产品说明书对燃气热水器安装进行适用性检查、调试及常规保养
		1-1-3	能根据故障现象使用相应工具对燃气热水器气路、水路故障进行判别处理
	1-2 燃气灶具安装调试与维修	1-2-1	能根据家用燃气灶具安装规范和产品说明书使用相应工具对燃气灶具进行安装
		1-2-2	能根据产品说明书对燃气灶具安装进行适用性检查、调试及常规保养
		1-2-3	能根据故障现象使用相应工具对燃气灶具故障进行判别处理
	1-3 民用智能燃气计量表及附属设施安装与调试	1-3-1	能依据民用智能燃气计量表技术规范,规范地完成居燃气计量表选型
		1-3-2	能依据民用智能燃气计量表技术规范,与小组成员合作,合理使用相应工具设备,规范地完成燃气计量表安装
		1-3-3	能依据民用智能燃气计量表技术规范,与小组成员合作,合理使用相应工具设备,规范地完成燃气计量表镶接及调试

工作领域	工作任务	职　业　能　力	
1. 民用燃气具安装与维修	1-4 燃气采暖系统安装与调试	1-4-1	能识读燃气采暖系统设计施工图
		1-4-2	能根据燃气采暖系统施工图,与小组成员合作,合理使用相应工具设备,规范地完成地暖盘管、散热器安装
		1-4-3	能根据燃气采暖系统调试规范,合理使用相应工具,规范地完成燃气采暖系统调试
2. 户内燃气安全设施安装与维护	2-1 燃气泄漏报警系统与一氧化碳报警装置安装和维护	2-1-1	能依据燃气泄漏报警系统与一氧化碳报警装置技术规范,合理使用相应工具设备,完成燃气泄漏报警系统与一氧化碳报警装置安装
		2-1-2	能依据燃气泄漏报警系统与一氧化碳报警装置技术规范,合理使用相应工具设备,完成燃气泄漏报警系统与一氧化碳报警装置维护
	2-2 燃气自闭阀与具有燃气管道泄漏检知切断功能安全装置安装和维护	2-2-1	能依据燃气相关技术规范,与小组成员合作,完成燃气自闭阀与具有燃气管道泄漏检知切断功能安全装置安装
		2-2-2	能依据燃气相关技术规范,与小组成员合作,完成燃气自闭阀与具有燃气管道泄漏检知切断功能安全装置维护
3. 户内用户管道安装	3-1 硬质燃气管道安装	3-1-1	能根据燃气管道技术标准分辨硬质燃气管道常规分类、材质
		3-1-2	能根据燃气管道安装技术规范中的尺寸要求,合理使用相应工具设备对硬质燃气管道管材进行切割
		3-1-3	能根据燃气管道安装技术规范,合理使用套丝机等设备对硬质燃气管道管材进行套扣
		3-1-4	能根据燃气管道安装技术规范,合理使用连接件将单件硬质燃气管道管材连接成管路
		3-1-5	能根据燃气管道安装技术规范,合理使用相应工具设备将组装好的管路用卡子等固定件固定到墙壁上
		3-1-6	能根据燃气管道安装技术规范,合理使用相应工具设备对管路进行防腐处理
		3-1-7	能根据燃气管道安装技术规范,合理使用 U 型管压力计、肥皂水和燃气泄漏检测仪进行管路泄漏检测
	3-2 燃气不锈钢波纹管安装	3-2-1	能根据燃气管道安装技术规范,合理使用相应工具设备,规范地完成燃气不锈钢波纹管的接头制作及安装
		3-2-2	能根据燃气管道安装技术规范,与小组成员合作,合理使用相应工具设备,规范地完成燃气不锈钢波纹管与电气设备、相邻管道设备的明管敷设与固定
		3-2-3	能根据燃气管道安装技术规范,与小组成员合作,合理使用相应工具设备,规范地完成燃气不锈钢波纹管的暗埋、暗封敷设
		3-2-4	能根据燃气管道安装技术规范,合理使用 U 型管压力计、肥皂水和燃气泄漏检测仪进行管路泄漏检测

(续表)

工作领域	工作任务	职　业　能　力
4. 燃气客户服务	4-1 燃气用户业务办理	4-1-1 能根据燃气用户业务办理规范,解答燃气用户用气咨询需求、提供服务建议 4-1-2 能根据燃气用户业务办理规范,受理燃气用户业务需求并引导办理相应用气业务 4-1-3 能根据燃气用户业务办理规范,处理燃气用户投诉受理与回访
	4-2 燃气用量抄录、核查、结算	4-2-1 能根据燃气用户抄表技术规范识读燃气用户燃气表 4-2-2 能根据燃气用户抄表技术规范及燃气用户计费标准核算燃气费用,指导用户缴费
	4-3 燃气用户安检	4-3-1 能依据燃气用户安检技术规范,合理使用检漏仪、检漏液、压力计检查燃气用户燃气设施 4-3-2 能依据燃气用户安检技术规范,识别各类燃气灶具及热水器安全故障 4-3-3 能依据燃气用户安检技术规范,合理使用相应工具设备处置燃气用户设施泄漏故障 4-3-4 能依据燃气用户安检技术规范,告知燃气用户燃气设施检查结果及隐患事项
	4-4 燃气专业用语和服务礼仪	4-4-1 能熟练使用行业专业用语,培养良好的服务意识和沟通能力 4-4-2 能熟练掌握行业服务礼仪,服务意识好,接待客户大方得体
	4-5 燃气及燃气具营销	4-5-1 能依据各类燃气器具使用规范,介绍各类燃气具基本功能、产品特点 4-5-2 能依据燃气具销售规范开发燃气用户 4-5-3 能依据燃气具保险规范,了解保险行业基本常识、常见燃气保险产品,指导客户购买适用的燃气保险
5. 燃气工程施工	5-1 土方工程实施	5-1-1 能依据工程施工相关标准及工程实际情况,进行土方工程量计算 5-1-2 能根据施工现场条件,依据法律法规要求,做好施工前期准备工作 5-1-3 能根据施工要求,参与落实施工资源条件 5-1-4 能按照燃气管道工程施工相关规范,实施文明施工
	5-2 管道及附属设施安装	5-2-1 能按照管道及附属设施安装相关规范和实际施工条件,进行图纸会审 5-2-2 能根据燃气管道工程施工要求,进行所需材料、设备的申领、防护 5-2-3 能根据管道及附属设施安装施工图作业 5-2-4 能根据燃气管道工程施工相关规范要求撰写施工日志 5-2-5 能根据燃气管道工程施工相关规范要求,进行安全生产、文明施工、现场交通维护

工作领域	工作任务	职　业　能　力
5. 燃气工程施工	5-3 管道及附属设施试压、验收	5-3-1 能根据燃气管道工程施工相关规范要求，按照施工图、专项方案施工 5-3-2 能根据燃气管道工程施工相关规范要求，协调管道验收 5-3-3 能根据燃气管道工程施工相关规范要求，进行监视、测量 5-3-4 能根据燃气管道工程施工相关规范要求，绘制施工图、编制施工小结、移交相关竣工资料
	5-4 燃气施工现场风险识别	5-4-1 能识读相关设计文件 5-4-2 能熟练检索、掌握相关国家、行业及地方标准规范 5-4-3 能识别施工现场常见危险源 5-4-4 能根据紧急安全处理办法处理施工现场危险源
6. 燃气管道工程测量	6-1 水准测量	6-1-1 能根据公式熟练计算地面两点间的高差、计算测量待定点的高程 6-1-2 能识别水准仪的各个构件 6-1-3 能熟练操作水准仪测量两点间的高差 6-1-4 能完成简单水准测量的外业观测和路线水准测量的外业观测 6-1-5 能准确填写水准测量的数据记录簿 6-1-6 能根据公式进行水准测量的内业计算及测量成果检核
	6-2 角度测量	6-2-1 能根据公式准确计算水平角和竖直角 6-2-2 能识别经纬仪、全站仪的各个构件 6-2-3 能熟练操作经纬仪、全站仪的安置及调平 6-2-4 能熟练操作全站仪、经纬仪测量水平角 6-2-5 能准确填写水平角记录手簿并进行数据计算 6-2-6 能熟练操作全站仪、经纬仪测量垂直角 6-2-7 能准确填写垂直角记录手簿并进行数据计算
	6-3 距离测量	6-3-1 能使用钢尺进行一般方法和精密方法的距离测量 6-3-2 能根据公式熟练计算精密方法距离测量的结果和三项改正 6-3-3 能进行坐标方位角和象限角的转换及推算未知坐标方位角
	6-4 施工放样	6-4-1 能熟练完成已知水平距离、已知水平角及已知高程的测设 6-4-2 能进行燃气施工的点位放样

(续表)

工作领域	工作任务	职 业 能 力
7. 燃气智能管网及输配场站的运行、调度及维护	7-1 燃气热工仪表测量	7-1-1 能根据计量标准和热工测试规范,辨别常用热工测控仪表和各种测量仪器、仪表的构造和类型 7-1-2 能根据计量标准和热工测试规范,进行常用热工测控仪表安装、使用 7-1-3 能根据计量标准和热工测试规范,进行自动控制仪表安装、使用 7-1-4 能按照具体工程规范选择常用测量仪表、合理组建测量采集系统
	7-2 燃气智能管网运行监测、调度	7-2-1 能根据设备资料识别燃气设备功能 7-2-2 能识别图档中各标识的含义、燃气管网图档及配套电子图档 7-2-3 能使用信息化手段了解管网运行监控中各类运行参数及含义 7-2-4 能使用信息化手段通过检测异常数据及时干预预防事故发生
	7-3 燃气智能管网运行维护	7-3-1 能根据燃气管道运行维护相关规范要求,进行燃气管道查漏巡检 7-3-2 能根据燃气管道运行维护相关规范要求,进行燃气管道更换及保养
	7-4 燃气调压器及其他附属设施运行维护	7-4-1 能识别燃气调压器相关属性 7-4-2 能根据调压器运行维护相关规范,进行燃气调压器维修保养、更换 7-4-3 能识读燃气相关设施维修保养标准和程序,如流量计、牺牲阳极、桥管等
	7-5 燃气输配场站设施运行维护	7-5-1 能根据相关法律法规及输配场站相关操作规程及实施细则,进行输配场站设施设备运行维护 7-5-2 能根据输配场站调压及相关设施维修保养的标准和程序,实施输配场站维修保养、更新改造 7-5-3 能根据输配场站设施设备运行维护相关规范要求,配合相关部门人员定期进行安全检查
	7-6 燃气管网事故现场安全控制、应急处置及分析	7-6-1 能识读燃气管网事故应急处置相关法律法规及标准、现场安全控制要求、应急处置预案 7-6-2 能根据应急处置预案及时与相关各方沟通协调 7-6-3 能按照上级指挥或应急预案要求落实各项事故处置措施 7-6-4 能做好现场安全控制,防止次生事故发生 7-6-5 能根据燃气事故发生的各项因素进行燃气事故分析

课程结构

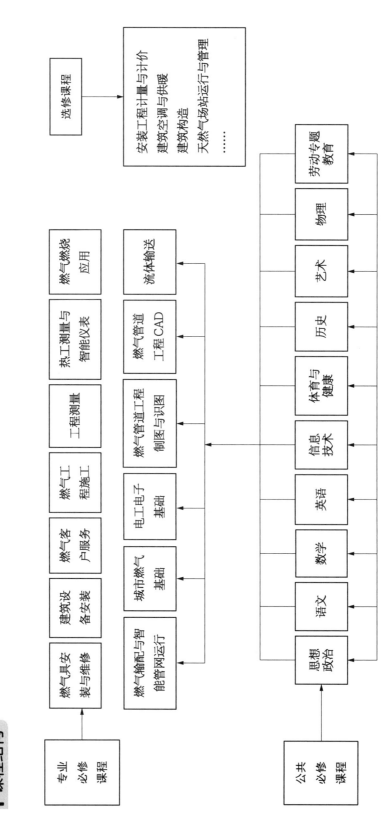

▎专业必修课程

序号	课程名称	主要教学内容与要求	技能考核项目与要求	参考学时
1	燃气具安装与维修	**主要教学内容：** 燃气灶具安装调试与维修；燃气热水器安装调试与维修；民用智能燃气计量表及附属设施安装调试；燃气采暖系统安装调试；燃气泄漏报警系统与一氧化碳报警装置安装和维护；燃气自闭阀与具有燃气管道泄漏检知切断功能安全装置安装和维护 **主要教学要求：** 通过学习能认识常用燃气器具、智能燃气计量表的基本知识及其主要构造；能识读燃气采暖系统安装图；能识读燃气用气量，完成燃气用量抄录、核查、结算；会使用相应工具完成燃气灶、燃气热水器、民用智能燃气计量表及附属设施的安装调试与维修；会安装和维护燃气泄漏报警系统与一氧化碳报警装置、燃气自闭阀与具有燃气管道泄漏检知切断功能安全装置	**考核项目：** 燃气灶具、燃气热水器的安装调试与维修；燃气采暖系统安装规范的查找；燃气安全装置的安装和维护 **考核要求：** 达到燃气具安装检修工（五级）证书的相关考核要求；达到燃气具安装与维修相关工作的基本职业能力相关要求	72
2	建筑设备安装	**主要教学内容：** 燃气、采暖及建筑给水排水系统的常用形式、基本系统组成及各系统的工作原理；燃气、采暖及建筑给水排水管道、设备的安装，常用设备、附件、材料的选用；燃气、采暖及建筑给水排水施工图识读；燃气、采暖及建筑给水排水工程施工程序、技术以及质量验收 **主要教学要求：** 通过学习能根据燃气工程安装规范要求，完成户内用户燃气硬质管道和不锈钢波纹管的安装；能根据现场施工条件，合理选择燃气、采暖、建筑给水排水及消防系统管道的布置方式和敷设形式；能根据施工规范，按照燃气、采暖、建筑给水排水及消防系统施工图完成管道的安装；能根据现场施工条件合理选择常用的设备、附件、材料；能合理选择施工机具与机械设备，完成管道的裁剪和加工；能根据施工规范，按照系统施工图完成设备的安装	**考核项目：** 施工机具选择、工艺选择、燃气系统管道及设备安装等技能 **考核要求：** 达到燃气储运工（五级）证书的相关考核要求	72

序号	课程名称	主要教学内容与要求	技能考核项目与要求	参考学时
3	燃气客户服务	**主要教学内容：** 燃气专业用语和服务礼仪；燃气用户业务办理；燃气用量抄录、核查、结算；燃气用户安检；燃气及燃气具营销 **主要教学要求：** 通过学习能认识燃气服务行业的专业用语和服务礼仪要求；能办理燃气用户业务；能识读燃气用气量，完成燃气用量抄录、核查、结算；会使用相应工具熟练完成燃气用户安检，会进行燃气及燃气具营销	**考核项目：** 燃气服务行业专业用语的表述；燃气行业服务礼仪的运用；燃气用户业务的办理；燃气用量的抄录、核查、结算；燃气用户的户内安检 **考核要求：** 达到燃气供应服务员（五级）证书的相关考核要求	72
4	燃气工程施工	**主要教学内容：** 燃气输送管道技术特点；燃气管道安装方法；燃气工程施工的基本工序及方法；燃气工程施工的规范要求；燃气工程施工组织以及管理；燃气管材及管件选择、燃气管道及附属设施安装；燃气管道系统试压；燃气工程施工竣工验收 **主要教学要求：** 通过学习能合理使用机具设备进行安装施工；能根据燃气管道输送介质的特点，合理选择燃气管材及管件；能根据工程需要合理选择施工机具及工具，完成燃气管道加工和连接；能合理选用阀门、法兰、补偿器，完成管道及附属设备安装；能按照燃气管道工程施工相关规范，进行土方工程施工；能按照燃气管道工程施工相关规范，完成燃气管道及附属设施的安装、试压与验收；能根据国家、行业、地方标准规范及现场实际情况，运用施工现场危险源控制管理办法，对施工现场危险源进行控制管理	**考核项目：** 施工机具选择、工艺选择、燃气系统管道及设备安装等技能 **考核要求：** 达到燃气储运工（五级）证书的相关考核要求	72
5	工程测量	**主要教学内容：** 距离测量；水准测量；角度测量；施工放样 **主要教学要求：** 能根据工程测量员职业标准熟练使用钢尺进行水平距离测量；能熟练使用水准仪进行高程测量，完成水准测量的内业计算；能熟练使用经纬仪和全站仪进行角度测量，完成角度测量的内业计算；能运用所学测量知识和技能进行已知水平距离、已知水平角和已知高程的测设；能进行燃气施工的点位放样	**考核项目：** 测量工具和仪器的使用；测量数据的记录与处理；点位的放样 **考核要求：** 达到工程测量员职业技能等级证书（五级）的相关考核要求	108

（续表）

序号	课程名称	主要教学内容与要求	技能考核项目与要求	参考学时
6	热工测量与智能仪表	**主要教学内容：** 围绕燃气智能管网及输配场站的运行、调度及维护应具备的职业能力要求,同时充分考虑本专业学生对相关理论知识的需要,并融入国家相关职业标准的要求,本着适度够用的原则,确定相关理论知识、专业技能与要求;选取了典型热工参数测量、燃气热工仪表测量等内容,遵循适度够用的原则,确定相关理论知识、专业技能与要求 **主要教学要求：** 以燃气工程与服务涉及的热工测量与智能仪表的使用为逻辑主线,对所涵盖的工作任务进行分析、转化、序化,共包括温度测量、湿度测量、压力测量、流速测量、流量测量、液位测量、热量测量、燃气热工仪表测量等8个工作任务	**考核项目：** 热工测量设备及相关工具的规范使用;常用热工测量设备的选型及安装;常用热工测量设备的数据采集、存储 **考核要求：** 达到燃气热工测量与智能仪表相关工作的基本职业能力要求	36
7	燃气燃烧应用	**主要教学内容：** 以民用燃气具安装与维修及户内燃气安全设施安装与维护相关工作任务与职业能力为依据设置本课程;围绕民用燃气具安装与维修及户内燃气安全设施安装与维护所需的职业能力培养的需要,选取了燃气基本性质测定、常见燃气设备检测等主要内容,遵循适度够用的原则,选取相关理论知识和专业技能要求,并融入燃气供应服务员的相关标准或考核要求 **主要教学要求：** 以燃气燃烧技术应用及检测为主线,设计有燃气基本性质测定、居民室内燃气设备的安装、燃气灶的气密性及热效率测试、快速式燃气热水器的气密性及热效率测试、容积式燃气热水炉的应用、燃气燃烧应用安全管理案例分析等6个学习任务(或主题),以任务为引领,通过任务整合相关知识、技能与职业素养	**考核项目：** 燃气基本性质测定;常见燃气设备检测;民用燃气设备检测及应用的基本方法 **考核要求：** 达到燃气行业检测工作的基本职业能力相关要求	72

（续表）

序号	课程名称	主要教学内容与要求	技能考核项目与要求	参考学时
8	燃气输配与智能管网运行	**主要教学内容：** 燃气智能管网运行监测、燃气智能管网运行调度、燃气智能管网运行维护、燃气调压器及其附属设施运行维护、燃气输配场站设施运行维护、燃气管网事故应急处置及预防等相关基础知识和基本技能 **主要教学要求：** 通过学习能熟悉燃气智能管网运行监测、燃气智能管网运行调度、燃气智能管网运行维护、燃气调压器及其附属设施运行维护、燃气输配场站设施运行维护、燃气管网事故应急处置及预防的理论知识，掌握城市燃气输配系统运行管理的基本技能，形成燃气储运工基本职业素养，具备综合利用基础理论知识分析和解决工程实际问题的能力	**考核项目：** 燃气管网的维护修复；区域燃气供气压力的调整及平衡；调压器的维修及保养；阀门及附属设备的日常维护及保养；燃气管网事故的应急处置 **考核要求：** 达到燃气储运工（五级）证书的相关考核要求	72
9	城市燃气基础	**主要教学内容：** 燃气计量表、燃气设备、燃气管道等结构及工作原理；国家、地方、行业标准规范检索；燃气管网图档识别；燃气管网事故应急处置规程识读 **主要教学要求：** 通过学习能认识家用燃气热水器、家用燃气灶、燃气计量表、燃气设备、燃气管道的结构及工作原理，掌握使用方法；能够检索国家、地方、行业标准规范，能够进行图档识别、规程识读	**考核项目：** 家用燃气热水器、家用燃气灶、燃气计量表、燃气设备、燃气管道的描述、分类和功能介绍；燃气国家、行业及地方标准规范的检索；燃气管网图档及配套电子图档中各标识的识别与读取 **考核要求：** 达到燃气用具安装、行业规范检索、图档识别工作的基本职业能力要求	36
10	电工电子基础	**主要教学内容：** 简单电路连接与测试；单相正弦交流电测量；正弦交流不同负载电路测试；日光灯电路不同工作状态测试；三相正弦交流电路不同负载测试；二极管整流、滤波、稳压电路连接与调试；三极管放大电路连接与调试；集成运放电路连接与调试；RC振荡电路连接与调试；基本门电路连接与调试；组合逻辑电路连接与调试	**考核项目：** 电工电子的工作原理分析和识图；电工电子线路的规范安装；电路的熟练连接、调试；非正常电路的故障排查；电工电子仪器仪表显示内容的识读 **考核要求：** 达到电工（五级）证书的相关考核要求	144

（续表）

序号	课程名称	主要教学内容与要求	技能考核项目与要求	参考学时
10	电工电子基础	**主要教学要求：** 通过学习，学生能规范使用电工电子所有的测量仪器与仪表；能按要求规范安装电工电子线路；能按要求熟练完成电路的连接、调试工作；能按要求熟练进行非正常电路的故障排查；能按要求熟练读出仪器仪表显示内容的含义		144
11	燃气管道工程制图与识图	**主要教学内容：** 识读并绘制标准工程图、绘制管配件放样图、绘制燃气管道工程施工图 **主要教学要求：** 通过学习，学生能初步识读简单燃气管段的施工图纸，能初步绘制燃气管道	**考核项目：** 管道工程图绘制的识读和绘制、管配件放样图的识读和绘制、燃气管道工程施工图的识读和绘制 **考核要求：** 达到燃气储运工（五级）证书的相关考核要求	108
12	燃气管道工程CAD	**主要教学内容：** 建筑平面图绘制、建筑立面图绘制、管道工程施工图绘制、图形显示与打印 **主要教学要求：** 学生能灵活运用CAD基础知识，能绘制与编辑简单图形，能进行建筑平面图、立面图及管道施工图的绘制，能完成图形打印与输出，达到CAD初级绘图员的标准	**考核项目：** 建筑平面图的绘制、建筑立面图的绘制、管道工程施工图的绘制、图形打印样式及打印机的设置 **考核要求：** 具备燃气管道施工相关岗位的绘图技能，达到CAD（五级）技能证书的相关要求	72
13	流体输送	**主要教学内容：** 掌握燃气输配系统的基本知识点，以及燃气管网水力计算和工程流体力学的基本概念、基本原理、基本技能和燃气应用，并具有一定的分析、解决本专业中涉及流体力学问题的能力 **主要教学要求：** 学生通过学习基本理论知识，能够运用连续性、能量、动量三大方程，利用所学的知识解决在流体输配中牵涉到流体力的实际问题，同时也融入燃气专业特点	**考核项目：** 能够运用连续性、能量、动量三大方程，学会利用所学的知识解决在流体输配中牵涉到流体力的实际问题 **考核要求：** 达到燃气行业流体输送相关工作的基本职业能力要求	72

指导性教学计划

1. 指导性教学安排

课程分类	课程 名 称		总学时	总学分	各学期周数、学时分配					
					1	2	3	4	5	6
					18周	18周	18周	18周	18周	18周
公共必修课程	思想政治	中国特色社会主义	36	2	2					
		心理健康与职业生涯	36	2		2				
		哲学与人生	36	2			2			
		职业道德与法治	36	2				2		
	语文		216	12	4	6	2			
	数学		216	12	4	6	2			
	英语		216	12	4	4	4			
	信息技术		108	6	3	3				
	体育与健康		180	10	2	2	2	2	2	
	历史		72	4	2	2				
	艺术		36	2	2					
	物理		72	4	4					
	劳动专题教育		18	1			1			
专业必修课程	燃气具安装与维修		72	4				4		
	建筑设备安装		72	4				4		
	燃气客户服务		72	4					4	
	燃气工程施工		72	4					4	
	工程测量		108	6					6	
	热工测量与智能仪表		36	2				2		
	燃气燃烧应用		72	4				4		

(续表)

课程分类	课程名称	总学时	总学分	各学期周数、学时分配					
				1 18周	2 18周	3 18周	4 18周	5 18周	6 18周
专业必修课程	燃气输配与智能管网运行	72	4				4		
	城市燃气基础	36	2			2			
	电工电子基础	144	8				4	4	
	燃气管道工程制图与识图	108	6				4	2	
	燃气管道工程CAD	72	4				4		
	流体输送	72	4				4		
选修课程		234	13	由各校自主安排					
岗位实习		600	30						30
合　计		3 120	170	28	28	28	28	28	30

2. 关于教学指导计划的说明

(1) 本教学计划是三年制指导性教学计划。每学年为52周,其中有效教学时间40周(每学期有效教学时间18周),周有效学时为28—30学时,岗位实习一般按每周30小时(1小时折合1学时)安排,三年总学时数约为3 000—3 300学时。

(2) 实行学分制的学校,一般16—18学时为1学分,三年制总学分不得少于170。军训、社会实践、入学教育、毕业教育等活动,以1周为1学分,共5学分。

(3) 公共必修课程的学时一般占总学时的三分之一,不低于1 000学时。公共必修课程中的思想政治、语文、数学、英语、信息技术、体育与健康、历史和艺术等课程,严格按照教育部和上海市教育委员会颁布的相关学科课程标准实施教学。除了教育部和上海市教委规定的必修课程之外,各校可根据学生专业学习需要,开设其他公共基础选修课程或选修模块。

(4) 专业课程学时一般占总学时的三分之二,其中岗位实习原则上安排一学期。要认真落实教育部等八部门印发的《职业学校学生实习管理规定》,在确保学生实习总量的前提下,学校可根据实际需要,集中或分阶段安排实习时间。

(5) 选修课程占总学时比例不少于10%,由各校根据专业培养目标,自主开设专业特色课程。

(6) 学校可根据需要对课时比例做适当的调整,实行弹性学制的学校(专业),可根据实际情况安排教学活动的时间。

(7) 以实习实训课为主要载体开展劳动教育,其中劳动精神、劳模精神、工匠精神专题教育不少于 16 学时。

专业教师任职资格

1. 专任专业教师须具有中等职业学校及以上教师资格证书。

2. 专业教师应根据"双师型"教师的相关要求,具有本专业相关职业资格证书(职业技能等级证书)或相应技术职称。

3. 专业教师应根据教育部和上海市教委的相关要求,定期参加企业实践。

实训(实验)装备

1. 燃气工程图识图与造价实训室

功能:涵盖燃气管道工程图识读、绘制、CAD 绘制操作、建筑构造绘图及安装工程计量与计价等实训教学。适用于做学一体课程内容的教学开展与实践,完成相关技能训练项目。

主要设备装备标准(以一个标准班 40 人配置)见下表。

序号	设 备 名 称	用 途	单位	基本配置	适用范围 (职业技能训练项目)
1	计算机	图像文字输入	套	40	管道工程图识读、绘制、CAD 绘制操作、建筑构造绘图及安装工程计量与计价等
2	计算机辅助教学软件	图像文字处理	套	40	
3	CAD 绘图软件	绘图	套	40	
4	绘图软件	绘图	套	40	
5	BIM 识图仿真软件	识图	套	40	
6	安装工程计价软件	计价	套	40	
7	安装工程算量软件	计量	套	40	

2. 燃气管道加工与施工实训场(实训基地)

功能:涵盖专业认识实习、建筑设备安装、燃气工程施工等实训教学。适用于做学一体课程内容的教学开展与实践,完成相关技能训练项目。

主要设备装备标准(以一个标准班 40 人配置)见下表。

序号	设 备 名 称	用 途	单位	基本配置	适用范围（职业技能训练项目）
1	手动弯管器	改变管子方向	个	20	专业认识实习、建筑设备安装、燃气工程施工等
2	电动套丝机	绞丝	台	5	
3	管材切割机	切割	台	5	
4	便携式可燃气体检测仪	可燃气体检测	个	20	
5	台虎钳、角尺、锉刀、钢卷尺	管子切割绞丝辅助工具	套	20	
6	PE切管器	切管	套	20	
7	全自动PE管材焊接机	熔接	台	5	
8	通风除尘系统、消防设备	防尘、通风	套	1	
9	防护眼罩、手套等	安全防护	套	40	

3. 燃气具安装与检测实训室

功能：涵盖燃气燃烧应用、燃气具安装与维修、燃气客户服务等实训教学。适用于做学一体课程内容的教学开展与实践，完成相关技能训练项目。

主要设备装备标准(以一个标准班40人配置)见下表。

序号	设 备 名 称	用 途	单位	基本配置	适用范围（职业技能训练项目）
1	民用燃气灶	展示燃气灶内部结构	台	20	燃气燃烧应用、燃气具安装与维修、燃气客户服务等
2	民用燃气热水器	展示燃气热水器内部结构	台	20	
3	湿式气体流量计、膜式燃气表	流量、燃气计量	台	20	
4	U型压力计	压力检测	个	40	
5	大气压力计	压力检测	个	2	
6	安装、维修工具	辅助工具	套	20	
7	消防设备	安全消防	套	1	

4. 燃气场站调压实训室

功能：涵盖燃气输配与智能管网运行、热工测量与智能仪表、燃气工程施工等实训教学。适用于做学一体课程内容的教学开展与实践,完成相关技能训练项目。

主要设备装备标准(以一个标准班 40 人配置)见下表。

序号	设 备 名 称	用 途	单位	基本配置	适用范围(职业技能训练项目)
1	燃气中小型调压器系统	调压稳压	套	20	燃气输配与智能管网运行、热工测量与智能仪表、燃气工程施工等
2	空气增压系统	增压稳压	套	1	
3	燃气中小型调压器固定架	框架固定	个	20	
4	燃气流量计	计量	个	20	
5	燃气管道及配件	辅件	套	20	
6	燃气区域管网压力监控软件	智能监测	套	20	

5. 信息化仿真综合实训室

功能：涵盖燃气锅炉应用仿真实训、燃气输配场站仿真实训、GIS 系统应用仿真实训等实训教学。适用于做学一体课程内容的教学开展与实践,完成相关信息化应用专业技能训练项目。

主要设备装备标准(以一个标准班 40 人配置)见下表。

序号	设 备 名 称	用 途	单位	基本配置	适用范围(职业技能训练项目)
1	计算机	图像文字输入	套	40	燃气锅炉应用仿真实训、燃气输配场站仿真实训、GIS 系统应用仿真实训等
2	燃气锅炉应用仿真系统	模拟训练	套	40	
3	燃气调度 SCADA 仿真实训	模拟训练	套	40	
4	燃气输配管网 GIS 仿真系统	模拟训练	套	40	
5	燃气事故安全处理仿真系统	模拟训练	套	40	

第二部分

上海市中等职业学校城市燃气智能输配与应用专业必修课程标准

燃气具安装与维修课程标准

▌课程名称

燃气具安装与维修

▌适用专业

中等职业学校城市燃气智能输配与应用专业

一、课程性质

本课程是城市燃气智能输配与应用专业的一门专业核心课程,也是一门专业必修课程。其功能是使学生掌握民用燃气设备的安装、维修的相关基础知识和基本技能,具备从事民用燃气设备的安装、维修和燃气用户安全检查工作的基本职业能力。它是燃气燃烧应用的后续课程,为学生后续岗位实习、从事燃气行业的职业生涯奠定基础。

二、设计思路

本课程的总体设计思路是遵循任务引领、理实一体的原则,根据中等职业学校城市燃气智能输配与应用专业相应职业岗位的工作任务与职业能力分析,以民用燃气具安装与维修、户内燃气安全设施安装与维护工作领域对应的相关工作任务和职业能力为依据设置本课程。

课程内容的选取紧紧围绕完成民用燃气具安装与维修、户内燃气安全设施安装与维护所需的职业能力培养的需要,选取了燃气灶具安装调试与维修、燃气热水器安装调试与维修、民用智能燃气计量表及附属设施安装与调试、燃气采暖系统安装与调试、燃气泄漏报警系统与一氧化碳报警装置安装和维护、燃气自闭阀与具有燃气管道泄漏检知切断功能安全装置安装和维护等内容,遵循适度够用的原则,确定相关理论知识、专业技能与要求。

课程内容的组织按照职业能力发展规律和学生认知规律,以典型燃气设备安装与调试为主要线索,设计有燃气灶具安装调试与维修、燃气热水器安装调试与维修、民用智能燃气计量表及附属设施安装与调试、燃气采暖系统安装与调试、燃气泄漏报警系统与一氧化碳报警装置安装和维护、燃气自闭阀与具有燃气管道泄漏检知切断功能安全装置安装和维护 6 个学习任务。以任务为引领,通过工作任务整合相关知识、技能与职业素养。

本课程建议学时数为 72 学时。

三、课程目标

通过本课程的学习,学生具备典型燃气设备——燃气灶具、燃气热水器、智能燃气计量表及附属设施、燃气采暖系统、燃气泄漏报警系统与一氧化碳报警装置、燃气自闭阀与具有燃气管道泄漏检知切断功能安全装置的安装调试与维修的基本理论知识,掌握以上典型燃气设备的安装调试、维修维护的方法,同时培养学生良好的职业道德和安全意识,以及遵纪守法、求真务实的良好品质,并达到以下职业素养和职业能力目标。

(一)职业素养目标

* 严格遵守燃气器具安装维修的操作流程,规范穿戴工作服,养成严谨细致的工作习惯。

* 牢固树立安全意识,注重燃气器具安装维修流程细节,自觉遵守燃气器具安全检查的规程,养成良好的安全操作习惯。

* 有较长时间坚持在燃气具检修工作岗位的耐心与毅力,不怕累不怕苦不怕脏,养成吃苦耐劳的品德。

* 提高燃气具安装环境保护、节能减排意识,研究新技术提升热效率,养成刻苦钻研的精神。

(二)职业能力目标

* 能规范使用燃气具安装与维修设备及相关工具。

* 能按要求熟练完成燃气灶具安装调试。

* 能按要求熟练完成燃气灶具维修。

* 能按要求熟练完成燃气热水器安装调试。

* 能按要求熟练完成燃气热水器维修。

● 能按要求熟练完成民用智能燃气计量表及附属设施安装调试。

● 能按要求熟练完成燃气采暖系统安装调试。

● 能按要求熟练完成燃气泄漏报警系统与一氧化碳报警装置安装。

● 能按要求熟练完成燃气泄漏报警系统与一氧化碳报警装置维护。

● 能按要求熟练完成燃气自闭阀与具有燃气管道泄漏检知切断功能安全装置安装。

● 能按要求熟练完成燃气自闭阀与具有燃气管道泄漏检知切断功能安全装置维护。

四、课程内容与要求

学习任务	技能与学习要求	知识与学习要求	参考学时
1. 燃气灶具安装调试与维修	1. 燃气灶具安装 ● 能根据型号识别不同燃气灶具的类型 ● 能根据燃气灶具产品说明书,使用相应工具安装燃气灶具	1. 燃气灶具的类型及特点 ● 举例说明常用燃气灶具的类型、特点 ● 概述燃气灶具说明书及铭牌中主要参数含义 2. 燃气灶具工作原理 ● 记住燃气灶具主要部件名称及作用 ● 归纳燃气灶具燃气气路运行流程 3. 燃气灶具安装规范 ● 简述燃气灶具安装尺寸标准 ● 描述燃气灶具安装步骤 4. 燃气灶具安装注意事项 ● 概述燃气灶具主要部件安装注意事项	12
	2. 燃气灶具调试 ● 能使用相应工具检查燃气灶具气密性 ● 能根据产品说明书调试燃气灶具 ● 能根据火焰情况判别燃气灶具运行是否正常	5. 燃气灶具气密性检查操作要求 ● 解释燃气灶具气密性检查原理 ● 概述燃气灶具气密性检查步骤 6. 燃气灶具调试方法 ● 简述燃气灶具调试步骤 ● 描述燃气灶具正常运行判别标准	
	3. 燃气灶具维修 ● 能使用相应工具检测燃气灶具 ● 能根据检测数据判断燃气灶具故障 ● 能使用相应工具维修燃气灶具	7. 燃气灶具故障判断方法 ● 列举燃气灶具常见故障类型 8. 燃气灶具火焰特点 ● 描述燃气灶具正常火焰、黄焰、离焰、脱火的火焰特点 ● 归纳燃气灶具黄焰、离焰、脱火原因 9. 燃气灶具维修步骤 ● 列举燃气灶具主要部件维修方法 ● 归纳燃气灶具维修步骤	

（续表）

学习任务	技能与学习要求	知识与学习要求	参考学时
2. 燃气热水器安装调试与维修	1. 燃气热水器安装 ● 能根据型号识别不同燃气热水器的类型 ● 能根据燃气热水器产品说明书使用相应工具安装燃气热水器	1. 燃气热水器的类型及特点 ● 举例说明常用燃气热水器的类型、特点 ● 概述燃气热水器说明书及铭牌中主要参数含义 2. 燃气热水器运行流程 ● 归纳燃气热水器水路、气路运行流程 3. 燃气热水器安装规范 ● 简述燃气热水器安装尺寸标准 ● 描述燃气热水器安装步骤 4. 燃气热水器安装注意事项 ● 概述燃气热水器燃气管路、水路、排烟管安装注意事项	12
	2. 燃气热水器调试 ● 能使用相应工具检查燃气热水器气密性 ● 能根据产品说明书调试燃气热水器 ● 能根据运行情况判别燃气热水器运行是否正常	5. 燃气热水器气密性检查操作相关知识 ● 解释燃气热水器气密性检查原理 ● 概述燃气热水器气密性检查步骤 6. 燃气热水器调试方法 ● 简述燃气热水器调试步骤 ● 描述燃气热水器正常运行判别标准	
	3. 燃气热水器维修 ● 能使用相应工具检测燃气热水器 ● 能根据检测数据判断燃气热水器故障 ● 能使用相应工具维修燃气热水器	7. 燃气热水器故障判断方法 ● 列举燃气热水器常见故障类型 ● 简述燃气热水器检测数据分析方法 8. 燃气热水器维修步骤 ● 归纳燃气热水器主要部件维修方法	
3. 民用智能燃气计量表及附属设施安装与调试	1. 民用智能燃气计量表及附属设施安装 ● 能依据民用智能燃气计量表技术规范，完成燃气计量表选型 ● 能识读燃气计量表及附属设施安装原理图 ● 能依据民用智能燃气计量表技术规范，与小组成员合作，合理使用相应工具设备，规范完成燃气计量表镶接及附属设施安装	1. 民用智能燃气计量表的类型及特点 ● 举例说明民用智能燃气计量表的类型、特点 ● 概述民用智能燃气计量表说明书及铭牌中主要参数含义 ● 概述民用智能燃气计量表选型原则 2. 民用智能燃气计量表工作原理 ● 记住民用智能燃气计量表主要部件名称及作用 ● 归纳民用智能燃气计量表工作原理 3. 民用智能燃气计量表及附属设施安装规范 ● 简述民用智能燃气计量表及附属设施尺寸标准 ● 描述民用智能燃气计量表及附属设施镶接步骤 4. 民用智能燃气计量表及附属设施安装注意事项 ● 概述民用智能燃气计量表及附属设施安装注意事项	12

（续表）

学习任务	技能与学习要求	知识与学习要求	参考学时
3. 民用智能燃气计量表及附属设施安装与调试	2. 民用智能燃气计量表及附属设施调试 ● 能根据产品说明书调试新装民用智能燃气计量表 ● 能根据运行情况判断民用智能燃气计量表的非正常计量类型 ● 能根据运行情况调试民用智能燃气计量表的非正常计量	5. 新装民用智能燃气计量表调试方法与步骤 ● 概述新装民用智能燃气计量表调试方法 ● 归纳新装民用智能燃气计量表调试步骤 6. 民用智能燃气计量表的非正常计量类型 ● 描述民用智能燃气计量表正常计量判别标准 ● 列举民用智能燃气计量表的非正常计量类型 7. 民用智能燃气计量表非正常计量调试方法 ● 归纳民用智能燃气计量表非正常计量调试方法	12
4. 燃气采暖系统安装与调试	1. 燃气采暖系统安装 ● 能根据型号识别不同燃气采暖系统的类型 ● 能识读燃气采暖系统安装图 ● 能根据燃气采暖系统安装规范和产品说明书使用相应工具安装燃气采暖系统水路、气路	1. 燃气采暖系统的类型及特点 ● 举例说明常用燃气采暖炉的类型、特点 ● 概述燃气采暖炉说明书及铭牌中主要参数含义 2. 燃气采暖系统运行流程 ● 归纳燃气采暖系统水路、气路运行流程 3. 燃气采暖系统安装规范 ● 简述燃气采暖系统安装图识读方法 ● 描述燃气采暖系统安装步骤 4. 燃气采暖安装注意事项 ● 概述燃气采暖系统燃气管路、供水管路、回水管路、排烟管安装注意事项	12
	2. 燃气采暖系统调试 ● 能使用相应工具检查燃气采暖系统气密性 ● 能根据产品说明书调试燃气采暖系统 ● 能根据运行情况判别燃气采暖系统运行是否正常	5. 燃气采暖系统气密性检查操作相关知识 ● 解释燃气采暖系统气密性检查原理 ● 概述燃气采暖系统气密性检查步骤 6. 燃气采暖系统调试方法 ● 简述燃气采暖系统调试步骤 ● 描述燃气采暖系统正常运行判别标准	
5. 燃气泄漏报警系统与一氧化碳报警装置安装和维护	1. 燃气泄漏报警系统与一氧化碳报警装置安装 ● 能识读燃气泄漏报警系统与一氧化碳报警装置安装图 ● 能依据燃气泄漏报警系统与一氧化碳报警装置技术规范合理使	1. 燃气泄漏报警系统与一氧化碳报警装置类型 ● 举例说明燃气泄漏报警系统与一氧化碳报警装置类型 2. 燃气泄漏报警系统与一氧化碳报警装置工作原理 ● 说出燃气泄漏报警系统与一氧化碳报警装置主要部件名称及作用 ● 归纳燃气泄漏报警系统与一氧化碳报警装置工作原理	12

学习任务	技能与学习要求	知识与学习要求	参考学时
5. 燃气泄漏报警系统与一氧化碳报警装置安装和维护	用相应工具设备安装燃气泄漏报警系统与一氧化碳报警装置	3. 燃气泄漏报警系统与一氧化碳报警装置安装规范 ● 简述燃气泄漏报警系统与一氧化碳报警装置安装尺寸标准 ● 描述燃气泄漏报警系统与一氧化碳报警装置安装步骤 4. 燃气泄漏报警系统与一氧化碳报警装置安装注意事项 ● 概述燃气泄漏报警系统与一氧化碳报警装置安装注意事项	12
	2. 燃气泄漏报警系统与一氧化碳报警装置维护 ● 能使用相应工具检测燃气泄漏报警系统与一氧化碳报警装置 ● 能判断燃气泄漏报警系统与一氧化碳报警装置运行情况 ● 能依据燃气泄漏报警系统与一氧化碳报警装置技术规范合理使用相应工具设备维护燃气泄漏报警系统与一氧化碳报警装置	5. 燃气泄漏报警系统与一氧化碳报警装置检测方法 ● 概述燃气泄漏报警系统与一氧化碳报警装置检测标准 6. 燃气泄漏报警系统与一氧化碳报警装置常见故障 ● 描述燃气泄漏报警系统与一氧化碳报警装置常见故障类型 ● 概述燃气泄漏报警系统与一氧化碳报警装置常见故障处理方法 7. 燃气泄漏报警系统与一氧化碳报警装置维护步骤 ● 归纳燃气泄漏报警系统与一氧化碳报警装置维护步骤	
6. 燃气自闭阀与具有燃气管道泄漏检知切断功能安全装置安装和维护	1. 燃气自闭阀与具有燃气管道泄漏检知切断功能安全装置安装 ● 能识读燃气自闭阀与具有燃气管道泄漏检知切断功能安全装置安装图 ● 能依据燃气相关技术规范，与小组成员合作，安装燃气自闭阀与具有燃气管道泄漏检知切断功能安全装置	1. 燃气自闭阀与具有燃气管道泄漏检知切断功能安全装置类型及原理 ● 说出燃气自闭阀与具有燃气管道泄漏检知切断功能安全装置主要类型及工作原理 ● 知道燃气自闭阀与具有燃气管道泄漏检知切断功能安全装置在燃气系统中的作用 2. 燃气自闭阀与具有燃气管道泄漏检知切断功能安全装置安装规范 ● 简述燃气自闭阀与具有燃气管道泄漏检知切断功能安全装置安装标准 ● 描述燃气自闭阀与具有燃气管道泄漏检知切断功能安全装置安装步骤 3. 燃气自闭阀与具有燃气管道泄漏检知切断功能安全装置安装注意事项 ● 概述燃气自闭阀与具有燃气管道泄漏检知切断功能安全装置安装注意事项	12

(续表)

学习任务	技能与学习要求	知识与学习要求	参考学时
6. 燃气自闭阀与具有燃气管道泄漏检知切断功能安全装置安装和维护	2. 燃气自闭阀与具有燃气管道泄漏检知切断功能安全装置维护 ● 能使用相应工具检测燃气自闭阀与具有燃气管道泄漏检知切断功能安全装置开、关作业 ● 能判断燃气自闭阀与具有燃气管道泄漏检知切断功能安全装置运行情况 ● 能依据燃气相关技术规范,与小组成员合作,维护燃气自闭阀与具有燃气管道泄漏检知切断功能安全装置	4. 燃气自闭阀与具有燃气管道泄漏检知切断功能安全装置检测标准 ● 概述燃气自闭阀与具有燃气管道泄漏检知切断功能安全装置检测标准 5. 燃气自闭阀与具有燃气管道泄漏检知切断功能安全装置常见故障 ● 描述燃气自闭阀与具有燃气管道泄漏检知切断功能安全装置常见故障类型 ● 概述燃气自闭阀与具有燃气管道泄漏检知切断功能安全装置常见故障处理方法 6. 燃气自闭阀与具有燃气管道泄漏检知切断功能安全装置维护步骤 ● 归纳燃气自闭阀与具有燃气管道泄漏检知切断功能安全装置维护步骤	12
总学时			72

五、实施建议

(一)教材编写或选用建议

1. 应依据本课程标准编写教材或选用教材,从国家和市级教育行政部门发布的教材目录中选用教材,优先选用国家和市级规划教材。

2. 教材要充分体现育人功能,紧密结合教材内容、素材,有机融入课程思政要求,将课程思政内容与专业知识、技能有机统一。

3. 教材编写应树立以学生为中心的教材观,遵循中职生认知特点与学习规律,以学生的思维方式设计教材结构和组织教材内容。教材应图文并茂,加深学生对燃气器具安装与维修内容的认识。

4. 对于此类技能操作性强的课程,教材编写应以燃气灶具安装调试与维修、燃气热水器安装调试与维修、民用智能燃气计量表及附属设施安装与调试、燃气采暖系统安装与调试、燃气泄漏报警系统与一氧化碳报警装置安装和维护、燃气自闭阀与具有燃气管道泄漏检知切断功能安全装置安装和维护等职业能力为逻辑线索,按照职业能力培养由易到难、由简单到复杂、由单一到综合的规律,构建教材内容,确定教材各部分的目标、内容,以及进行相应的任务、活动设计等,从而建立起一个以相关职业能力为线索的结构清晰、层次分明的教材内容体系。

5. 教材在整体设计和内容选取时要注重引入燃气具安装与维修行业发展的新业态、新知识、新技术、新工艺、新方法,对接相应的职业标准和岗位要求,并吸收先进产业文化和优秀企业文化。创设或引入燃气具安装与维修职业情境,增强教材的职场感。

6. 增强教材对学生的吸引力,教材要贴近学生生活、贴近职场,采用生动活泼的、学生乐于接受的语言、图表等去呈现内容,让学生在使用教材时有亲切感、真实感。

(二)教学实施建议

1. 切实推进课程思政建设,寓价值观引导于知识传授和能力培养之中,帮助学生塑造正确的世界观、人生观、价值观。要深入梳理教学内容,结合课程特点,充分挖掘课程思政元素,有机融入课程教学,达到润物无声的育人效果。

2. 教学要充分体现职业教育"实践导向、任务引领、理实一体、做学合一"的课改理念,紧密联系燃气企业生产生活实际,通过企业典型任务为载体,加强理论教学与实践教学的结合,充分利用各种实训场所与设备,加强产学合作,建立实习实训基地,实践工学交替,满足学生的实习实训需求,促进教与学方式转变。

3. 坚持以学生为中心的教学理念,充分尊重学生,遵循学生认知特点和学习规律,以学为中心设计和组织教学活动。教师应努力成为学生学习的组织者、指导者和同伴。

4. 改变传统的灌输式教学,充分调动学生学习的积极性、能动性,采取灵活多样的教学方式,积极探索自主学习、合作学习、探究式学习、问题导向式学习、体验式学习、混合式学习等体现教学新理念的教学方式。

5. 有效利用现代信息技术手段,改进教学方法与手段,提升教学效果。

(三)教学评价建议

1. 以课程标准为依据,开展基于标准的教学评价。

2. 以评促教,以评促学,通过课堂教学及时评价,不断改进教学方法与手段。

3. 教学评价始终坚持德技并重的原则,构建德技融合的专业课教学评价体系,把思政和职业素养的评价内容与要求细化为具体的评价指标,有机融入燃气具安装与维修专业知识与技能的评价指标体系中,形成可观察可测量的评价量表,综合评价学生学习情况。通过有效评价,在日常教学中不断促进学生良好的思想品德和职业素养的形成。

4. 注重日常教学中对学生学习的评价,充分利用多种过程性评价工具,如评价表、记录袋等,积累过程性评价数据,形成过程性评价与终结性评价相结合的评价模式。

（四）资源利用建议

1. 利用现代信息技术，开发制作各种形式的教学课件，具体包括视听光盘、幻灯片、多媒体课件等，使教学过程多样化，丰富教学活动。

2. 注重网络课程资源的开发和利用。积极开发课程网站，创设网络课堂，使教学内容、教程、教学视频等资源网络化，突破教学空间和时间的局限性，让学生学得主动，学得生动，以激发学生思维与技能的形成和拓展。

3. 积极利用数字图书馆、电子期刊、电子书籍，使教学内容多元化，以此拓展学生的知识和能力。

4. 充分利用行业企业资源，为学生提供阶段实训，将教学与实训合一，让学生在真实的环境中实践，提升职业综合素质。

建筑设备安装课程标准

▎课程名称

建筑设备安装

▎适用专业

中等职业学校城市燃气智能输配与应用专业

一、课程性质

本课程是城市燃气智能输配与应用专业的一门专业核心课程,也是一门专业必修课程。其功能是使学生掌握现代建筑物中的给水、消防、排水、采暖、燃气系统管道和设备等基本知识,理解各系统基本的设计原则及安装施工的基础知识,能够识读建筑管道系统专业施工图,了解建筑管道与建筑设备之间的相互配合与协调,具备能够按照图纸进行正确施工的职业能力。它是燃气管道工程识图、建筑构造的后续课程,也是学生学习燃气工程施工等后续专业课程的基础。

二、设计思路

本课程的总体设计思路是遵循任务引领、理实一体的原则,根据中等职业学校城市燃气智能输配与应用专业的工作任务与职业能力分析,以硬质燃气管道安装、燃气不锈钢波纹管安装、建筑给水管道安装、建筑排水管道安装、建筑采暖管道安装相关工作任务与职业能力为依据设置本课程。

课程内容紧紧围绕硬质燃气管道安装、燃气不锈钢波纹管安装、建筑给水管道安装、建筑排水管道安装、建筑采暖管道安装所需的职业能力培养的需要,选取了建筑给水管道、消防管道、排水管道、采暖管道及燃气管道系统安装等内容,遵循适度够用的原则,确定相关理论知识、专业技能与要求,并融入管道工职业技能等级证书的相关考核要求。

课程内容的组织以户内用户管道安装主要任务为线索,设计了建筑给水管道系统安装、建筑消防管道系统安装、建筑排水管道系统安装、建筑采暖管道系统安装、户内用户燃气管道系统安装 5 个学习任务。以任务为引领,通过工作任务整合相关知识、技能与职业素养。

本课程建议学时数为 72 学时。

三、课程目标

通过本课程的学习,学生具备建筑给水管道、消防管道、排水管道、采暖管道及燃气管道系统安装的基本知识、方法和规范要求,掌握建筑给水管道、消防管道、排水管道、采暖管道及燃气管道系统安装的技能,能够按照施工图进行管道系统、设备的布置、敷设和安装,达到管道工职业技能等级证书相关考核要求,具体达成以下职业素养和职业能力目标。

(一)职业素养目标

- 严格遵守工程施工的操作规范,规范穿戴工作服,合理使用工具设备进行安装施工,养成良好的安全操作意识和习惯。

- 注重管道、附属设施安装施工的操作细节与流程,自觉遵守管道、附属设施的安装标准要求,养成严谨细致的工作习惯和一丝不苟的工作态度。

- 岗位工作有行规,自觉遵守国家标准行业规范,树立正确价值观,增强职业责任感、使命感。

(二)职业能力目标

- 能根据燃气工程安装规范要求,完成户内用户燃气硬质管道和不锈钢波纹管的安装。

- 能根据现场施工条件,合理选择建筑给水、消防、排水、采暖及燃气系统管道的布置方式和敷设形式。

- 能根据施工规范,按照建筑给水、消防、排水、采暖及燃气系统施工图完成建筑给水、排水、采暖及燃气管道的安装。

- 能根据现场施工条件合理选择常用的设备、附件、材料。

- 能合理选择施工机具与机械设备,完成管道的裁剪和加工。

- 能根据施工规范,按照建筑给水、消防、排水、采暖及燃气系统施工图完成建筑给水、消防、排水、采暖及燃气设备的安装。

四、课程内容与要求

学习任务	技能与学习要求	知识与学习要求	参考学时
1. 建筑给水管道系统安装	1. 识别建筑给水系统的类型和组成 ● 能分析建筑给水系统的类型及特点 ● 能根据实际情况判断建筑给水系统的类型	1. 建筑给水系统的分类 ● 概述建筑设备的概念 ● 说出建筑给水系统的类型 2. 建筑给水系统的组成与功能 ● 概述室外给水工程的组成部分 ● 说出建筑给水系统的组成及主要功能	20

学习任务	技能与学习要求	知识与学习要求	参考学时
1. 建筑给水管道系统安装	● 能熟练分析建筑给水系统各个组成部分的主要功能 ● 能根据不同场合选择给水方式	3. 建筑给水系统的给水方式与特点 ● 说出建筑给水系统的给水方式及特点 ● 说出建筑给水系统的给水方式的适用场合	20
	2. 计算建筑给水系统水量及水压 ● 能计算城市用水量 ● 能计算建筑给水系统的水压	4. 建筑给水系统的用水定额 ● 概述出用水量定额、最高日用水量的定义 ● 概述静水压、最不利点的定义 5. 建筑给水系统的水压计算方法 ● 概述日变化系数、时变化系数的计算方法 ● 概述建筑给水系统所需水压的计算公式	
	3. 识别、选择给水系统建筑管材、管件 ● 能辨别常用的管材和各型号、类型的管件 ● 能辨别常用的安装工具 ● 能根据不同场合选择合适的建筑管材、管件	6. 建筑给水系统的管材 ● 列举常用的建筑管材、管件 ● 描述出各种类型建筑管材的适用场合 7. 建筑给水系统的管道附件 ● 列举常用的管件，概述不同类型管件的工作原理 ● 概述不同类型管件的特点，描述出各种类型建筑管件的适用场合	
	4. 绘制给水管道图 ● 能熟练辨别给水管道和附件等图例 ● 能正确绘制给水图例	8. 给水管道的布置与敷设相关知识 ● 概述给水管道的布置原则 ● 概述给水管道的敷设形式，概述给水管道敷设的具体要求	
	5. 安装给水管道及附件 ● 能根据施工图使用合适机具加工及连接给水管道 ● 能根据施工图正确安装各种阀门配件	9. 室内给水管道及附件的安装要求 ● 概述管道和附件安装的准备工作 ● 概述管道和附件安装的内容和具体要求	
	6. 安装建筑给水系统 ● 能熟练并正确识读建筑给水系统施工图 ● 能根据施工图按照相关技术规程和规范安装给水管道系统	10. 建筑给水施工图 ● 说出建筑给水施工图的组成 ● 概述施工图标注的一般规定，描述建筑给水管道和附件等图例	

(续表)

学习任务	技能与学习要求	知识与学习要求	参考学时
2. 建筑消防管道系统安装	1. 安装消火栓给水系统 ● 能正确识别消火栓系统的组成部分 ● 能正确使用消火栓 ● 能根据施工图使用合适机具加工及连接消防管道 ● 能根据施工图规范安装消防管道 ● 能根据施工图规范安装消火栓给水系统	1. 建筑消防给水系统的分类与特点 ● 概述建筑消防系统的类型 ● 概述建筑消防系统的特点 2. 消火栓给水系统 ● 列举出消火栓系统的设置原则,归纳室内消火栓系统的基本组成,归纳室内消火栓系统的功能 ● 归纳室内消火栓系统的工作原理,说出室内消火栓系统的供水方式,说出室内消火栓给水系统的安装流程及各附件安装的工艺要求	10
	2. 安装自动喷水灭火系统 ● 能根据建筑场所选择适合的灭火系统 ● 能熟练辨别几种类型的自动喷水灭火系统 ● 能熟练辨别消防给水管道和附件等图例 ● 能正确绘制消防给水图例 ● 能熟练并正确识读建筑消防给水系统施工图 ● 能根据施工图使用合适机具加工及连接消防管道 ● 能根据施工图规范地进行消防管道的安装 ● 能根据施工图按照规范要求安装自动喷水灭火系统	3. 自动喷水灭火系统 ● 说出自动喷水灭火系统的主要类型,归纳出自动喷水灭火系统的组成,归纳出自动喷水灭火系统的功能 ● 归纳出自动喷水灭火系统的工作原理,说出自动喷水灭火系统的特征,说出自动喷水灭火系统的适用场所,说出自动喷水灭火系统的设置范围,说出自动喷水灭火系统的安装流程,说出自动喷水灭火系统各组件安装的工艺要求 4. 建筑消防给水施工图 ● 说出建筑消防给水施工图的组成 ● 描述建筑消防给水管道和附件等图例,概述施工图标注的一般规定	
3. 建筑排水管道系统安装	1. 判断建筑排水系统的类型和组成 ● 能熟练辨别建筑排水系统的各组成部分 ● 能认出常用的排水管材类型 ● 能认出常用的卫生器具	1. 建筑排水系统的分类和组成 ● 说出建筑排水系统的类型 ● 归纳出建筑排水系统的组成,归纳出建筑排水系统各组成部分的功能 2. 排水管材和卫生器具 ● 列举出建筑排水系统常用的排水管材 ● 列举出建筑排水系统常用的卫生器具	20

学习任务	技能与学习要求	知识与学习要求	参考学时
3. 建筑排水管道系统安装	2. 安装建筑排水系统 ● 能根据施工图使用合适机具加工及连接排水管道 ● 能熟练辨别排水管道和附件等图例 ● 能正确绘制排水图例 ● 能熟练并正确识读建筑排水系统施工图 ● 能根据施工图按照相关技术规程和规范完成排水管道系统的安装 ● 能根据施工图按照图集和产品说明正确安装卫生器具	3. 排水系统的布置与敷设要求 ● 说出建筑排水系统布置、敷设的基本原则 ● 说出建筑排水系统敷设的形式，说出建筑排水系统布置、敷设的基本要求 ● 说出建筑排水系统安装的基本工艺流程	20
		4. 室内排水管道及附件的安装要求 ● 说出卫生器具安装的工艺要求，说出卫生器具安装的要点 ● 说出卫生器具安装的流程，说出卫生器具安装的注意事项	
		5. 建筑排水系统施工图 ● 说出建筑排水施工图的组成 ● 概述施工图标注的一般规定，描述出建筑排水管道和附件等图例	
	3. 安装建筑雨水系统 ● 能熟练区分各类型雨水系统 ● 能根据建筑类型选择适合的雨水系统 ● 能根据施工图规范安装雨水管道 ● 能根据施工图要求规范安装建筑雨水系统	6. 建筑雨水系统 ● 说出建筑雨水系统的分类，说出建筑雨水系统的组成 ● 说出建筑雨水系统的设置要求	
4. 建筑采暖管道系统安装	1. 燃气采暖系统设计、安装与调试 ● 能熟练辨别不同类型的采暖系统 ● 能根据要求选择适合的采暖系统 ● 能熟练认出采暖管道和附件等图例 ● 能正确绘制采暖图例 ● 能熟练并正确识读建筑采暖系统施工图 ● 能根据暖通设计要求及现场环境合理使用绘图工具设计燃气采暖系统、绘制施工图	1. 建筑采暖系统的分类和组成 ● 说出建筑采暖系统的分类，说出建筑采暖系统的组成 ● 说出建筑采暖系统各组成部分的功能	10
		2. 热水采暖系统 ● 说出热水采暖系统的分类，说出热水采暖系统的组成，说出热水采暖系统的主要形式 ● 说出热水采暖系统的工作原理	
		3. 蒸汽采暖系统 ● 说出蒸汽采暖系统的分类 ● 说出蒸汽采暖系统的工作原理	

（续表）

学习任务	技能与学习要求	知识与学习要求	参考学时
4. 建筑采暖管道系统安装	● 能识读燃气采暖系统施工图，与小组成员合作合理使用相应工具设备规范安装地暖盘管、散热器 ● 能根据燃气采暖系统调试规范，合理使用相应工具调试燃气采暖系统	4. 建筑采暖系统 ● 列举出建筑采暖系统安装常用工具 ● 列举出建筑采暖系统的常用附件 5. 建筑采暖系统施工图 ● 说出建筑采暖施工图的组成 ● 概述施工图标注的一般规定，描述出建筑采暖管道和附件等图例	10
5. 户内用户燃气管道系统安装	1. 硬质燃气管道安装 ● 能依据燃气管道技术标准，根据硬质燃气管道常规分类、材质，合理选择管材类型，进行施工准备 ● 能依据燃气管道技术标准及燃气管道发展规划，在硬质燃气管道安装工作中合理应用燃气管道"四新"技术 ● 能根据燃气管道安装技术规范，与小组成员合作合理使用相应工具设备依次规范完成预埋、测量、支架预制、附件加工、硬质燃气管道预制及安装工作	1. 硬质燃气管道的基本知识 ● 概述硬质燃气管道常规分类 ● 概述硬质燃气管道材质 2. 硬质燃气管道的安装方法 ● 概述燃气管道"四新"技术，概述硬质燃气管道的测量方法，概述硬质燃气管道安装的常用工具设备 ● 概述硬质燃气管道安装的施工流程	12
	2. 燃气不锈钢波纹管安装 ● 能依据燃气管道技术标准，根据燃气不锈钢波纹管安装技术要求，为燃气不锈钢波纹管安装工作做准备 ● 能根据燃气管道安装技术规范，与小组成员合作合理使用相应工具设备依次规范完成预埋、测量、支架预制、附件加工、燃气不锈钢波纹管道预制及安装工作	3. 燃气不锈钢波纹管的基本知识 ● 能概述不锈钢波纹管常规分类 ● 能概述不锈钢波纹管材质 4. 燃气不锈钢波纹管的安装方法与流程 ● 能概述不锈钢波纹管安装的常用工具设备，能概述不锈钢波纹管的测量方法 ● 能概述不锈钢波纹管安装的施工流程	
总学时			72

五、实施建议

(一)教材编写或选用建议

1. 应依据本课程标准编写教材或选用教材,从国家和市级教育行政部门发布的教材目录中选用教材,优先选用国家和市级规划教材。

2. 教材要充分体现育人功能,紧密结合教材内容、素材,有机融入课程思政要求,将课程思政内容与专业知识、技能有机统一。

3. 教材应图文并茂,循序渐进,讲解清楚,以提高学生的学习兴趣,加深学生对建筑设备安装施工技术的认识。教材应充分体现建筑设备安装施工技术的内容,有教学必需的实训操作项目及基本要求。

4. 教材编写应树立以学生为中心的教材观,遵循中职生认知特点与学习规律,以学生的思维方式设计教材结构和组织教材内容。

5. 教材编写应以职业能力为逻辑线索,增强课程操作性,按照职业能力培养由易到难、由简单到复杂、由单一到综合的规律,构建教材内容,确定教材各部分的目标、内容,以及进行相应的任务、活动设计等,从而建立起一个以相关职业能力为线索的结构清晰、层次分明的教材内容体系。

6. 依据本专业职业活动,将设计典型工作任务,以任务引领型工作项目为载体,强调理论与实践相结合,按项目活动组织编写内容。项目活动应具有较强的可操作性、实用性,加强学生实际动手能力的培养。

7. 在教材编写中要突出培养学生正确的、科学的思维方法,要依据建筑行业的安全条例及各类建筑系统设施的国家标准进行编写,以适应建筑设备施工技术发展的需要。

8. 教材在整体设计和内容选取时要注重引入行业发展的新业态、新知识、新技术、新工艺、新方法,对接相应的职业标准和岗位要求,并吸收先进产业文化和优秀企业文化。创设或引入职业情境,增强教材的职场感。

9. 增强教材对学生的吸引力,教材要贴近学生生活、贴近职场,采用生动活泼的、学生乐于接受的语言、图表等去呈现内容,让学生在使用教材时,有亲切感、真实感。

(二)教学实施建议

1. 切实推进课程思政建设,寓价值观引导于知识传授和能力培养之中,帮助学生塑造正确的世界观、人生观、价值观。要深入梳理教学内容,结合课程特点,充分挖掘课程思政元素,有机融入课程教学,达到润物无声的育人效果。

2. 教学要充分体现职业教育"实践导向、任务引领、理实一体、做学合一"的课改理念,紧密联系企业生产生活实际,通过企业典型任务为载体,加强理论教学与实践教学的结合,充分利用各种实训场所与设备,促进教与学方式转变。

3. 在教学过程中,应立足于加强学生实际操作能力的培养,采用理论与实践、资源一体化项目教学和行动导向教学法,以工作任务为引领,突出教学的实训环节,提高学生的学习兴趣和职业能力。建议实训环节所占课时数比例不低于50%。

4. 坚持以学生为中心的教学理念,充分尊重学生,遵循学生认知特点和学习规律,以学为中心设计和组织教学活动。教师应努力成为学生学习的组织者、指导者和同伴。

5. 在教学过程中,应充分利用建筑设备安装实例,理论结合实践,加深学生的感性认识,提高学生的岗位适应能力。

6. 改变传统的灌输式教学,充分调动学生学习的积极性、能动性,采取灵活多样的教学方式,积极探索自主学习、合作学习、探究式学习、问题导向式学习、体验式学习、混合式学习等体现教学新理念的教学方式。

7. 在教学过程中,运用思考、实践、讨论、交流、评价等多种形式,提高学生独立操作和解决问题的能力,努力培养学生的创新精神。

8. 有效利用现代信息技术手段,改进教学方法与手段,提升教学效果。

9. 在教学过程中,要运用多媒体教学资源辅助教学,帮助学生理解建筑设备施工技术的相关知识。为保证教学效果,建议每位指导教师负责组织和指导15~20人,学生分组控制在4~5人／组。

10. 教学过程中教师应积极引导,在讲授或演示教学中,尽量使用多媒体教学设备,利用丰富的信息资源配备丰富的课件,并及时评估和反馈,提高学生的职业素质和职业道德。

(三) 教学评价建议

1. 以课程标准为依据,开展基于标准的教学评价。

2. 以评促教,以评促学,通过课堂教学及时评价,不断改进教学方法与手段。

3. 改革传统的学生评价手段和方法,采用阶段评价、目标评价、项目评价、理论与实践一体化评价模式。关注评价的多元性,结合课堂提问、学生作业、平时测验、实验实训、技能竞赛、企业实习及考试等情况,综合评定学生成绩。

4. 教学评价始终坚持德技并重的原则,构建德技融合的专业课教学评价体系,把思政和职业素养的评价内容与要求细化为具体的评价指标,有机融入专业知识与技能的评价指标体系中,形成可观察可测量的评价量表,综合评价学生学习情况。通过有效评价,在日常教学中不断促进学生良好的思想品德和职业素养的形成。

5. 应注重对学生的动手能力和在实践中分析问题、解决问题能力的考核,对在学习和技术应用上有创新的学生应给予特别鼓励,要综合评价学生的能力。

6. 注重日常教学中对学生学习的评价,充分利用多种过程性评价工具,如评价表、记录袋等,积累过程性评价数据,形成过程性评价与终结性评价相结合的评价模式。

(四) 资源利用建议

1. 注重实训指导手册的开发、应用。

2. 开发适合教师与学生使用的建筑设备施工技术多媒体教学课件。同时,建议加强该课程常用教学资源的开发,建立多媒体教学资源数据库,努力实现学校多媒体教学资源的共享,以提高教学资源利用效率。

3. 积极开发和利用网络课程资源,充分利用诸如电子书籍、电子期刊、数据库、数字图书馆、教育网站和电子论坛等网络信息资源,使教学从单一媒体向多种媒体转变。同时应积极创造条件构建远程教学平台,扩大课程资源的交互空间。

4. 产学合作开发实验实训课程资源,充分利用本行业典型的企业资源,加强产学合作,建立实习实训基地,实践工学交替,满足学生的实习实训需求,同时为学生的就业创造机会。

5. 建议设立本课程实训室,使之具备现场教学、实验实训的功能,实现教学与实训合一,满足学生综合职业能力培养的要求。

燃气客户服务课程标准

▎课程名称

燃气客户服务

▎适用专业

中等职业学校城市燃气智能输配与应用专业

一、课程性质

本课程是城市燃气智能输配与应用专业的一门专业核心课程,也是一门专业必修课程。其功能是使学生掌握燃气行业的客户服务与营销的相关基础知识和基本技能,具备从事燃气行业的客户服务与营销和燃气用户安全检查工作的基本职业能力。它是燃气燃烧与应用、燃气具安装与维修的后续课程,为学生后续岗位实习、从事燃气行业的职业生涯奠定基础。

二、设计思路

本课程的总体设计思路是遵循任务引领、理实一体的原则,根据中等职业学校城市燃气智能输配与应用专业相应职业岗位的工作任务与职业能力分析结果,以其中燃气专业用语和服务礼仪,燃气用户业务办理,燃气用量抄录、核查、结算,燃气用户安检,燃气及燃气具营销等相关工作任务和职业能力为依据设置。

课程内容的选取紧紧围绕完成用气服务工作领域的燃气专业用语和服务礼仪,燃气用户业务办理,燃气用量抄录、核查、结算,燃气用户安检,燃气及燃气具营销等相关工作任务应具备的职业能力要求,并融入燃气供应服务员(五级)职业技能等级证书的相关考核要求。

课程内容的组织按照职业能力发展规律和学生认知规律,以用气服务、燃气及燃气具营销为主线,对所涵盖的工作任务进行分析、转化,形成燃气专业用语和服务礼仪,燃气用户业务办理,燃气用量抄录、核查、结算,燃气用户安检,燃气及燃气具营销 5 个学习任务。以任务为引领,通过工作任务整合相关知识、技能与职业素养。

本课程建议学时数为 72 学时。

三、课程目标

通过本课程的学习,学生掌握燃气行业客户服务与营销岗位相关的工作职责、流程与工作技巧,提高其沟通、合作、写作和计算机操作能力,培养爱岗敬业、诚实守信、沟通合作等素质和能力,达到燃气供应服务员(五级)职业技能等级证书的相关考核要求,具体达成以下职业素养和职业能力目标。

(一)职业素养目标

- 严格遵守燃气行业客户服务与营销的操作流程,规范穿戴工作服,养成严谨细致的工作习惯。
- 注重燃气行业客户服务与营销流程细节,自觉遵守燃气安全检查的规程,牢固树立安全规范意识,养成良好的工作态度。
- 有较长时间坚持在燃气行业客户服务与营销工作岗位的耐心与毅力,不怕累不怕苦不怕脏,养成吃苦耐劳的品德。

(二)职业能力目标

- 能规范使用行业专业用语、服务礼仪,培养良好的服务意识和沟通能力。
- 能按要求规范办理燃气用户业务。
- 能按要求熟练完成燃气用量抄录、核查、结算。
- 能按要求使用相应工具熟练完成燃气用户安检。
- 能按要求熟练完成燃气及燃气具营销。

四、课程内容与要求

学习任务	技能与学习要求	知识与学习要求	参考学时
1. 燃气专业用语和服务礼仪	1. 规范使用燃气专业用语 ● 能熟练使用燃气服务行业专业用语进行燃气服务 ● 能在模拟工作场景下正确运用接待、听、问、复述、期望值引导、达成协议的技巧来理解、演练客户服务的沟通	1. 燃气专业用语 ● 归纳说出燃气行业专业用语 ● 归纳说出燃气行业禁忌用语 2. 客户服务的沟通方法 ● 举例说明不同工作场景下接待、听、问、复述、期望值引导、达成协议的技巧	12
	2. 熟练运用服务礼仪 ● 能正确运用接待礼仪、握手礼仪、名片礼仪、座次礼仪、仪表礼仪、形体礼仪、电话礼仪、宴会礼仪 ● 能正确运用上门服务礼仪对燃气用户进行上门服务	3. 燃气服务礼仪标准 ● 概述接待、握手、名片、座次、仪表、形体、电话、宴会等礼仪要求 4. 上门服务礼仪要求 ● 描述上门服务礼仪注意事项	
	3. 燃气客服常用场景用语书写 ● 能根据燃气客服场景进行燃气客服常用用语书写	5. 燃气客服常用场景用语 ● 说出燃气客服常用场景类型 ● 归纳燃气客服常用场景用语书写要求	

（续表）

学习任务	技能与学习要求	知识与学习要求	参考学时
2. 燃气用户业务办理	1. 办理燃气用户新装业务 ● 能根据新装燃气用户业务办理规范受理业务并引导办理	1. 燃气用户新装业务 ● 说出燃气用户新装业务办理流程 ● 说出燃气用户新装调表作业步骤 2. 燃气用户新装业务注意事项 ● 说出燃气用户新装业务办理常见问题 ● 归纳燃气用户新装业务办理材料递交、整理要求	20
	2. 办理燃气用户移添改业务 ● 能根据燃气用户移添改需求受理业务并登记信息 ● 能根据燃气用户移添改需求引导办理	3. 燃气用户移添改业务 ● 说出燃气设施移添改规范要求 ● 说出燃气用户移添改业务办理流程 4. 燃气用户移添改业务注意事项 ● 说出燃气用户移添改业务办理常见问题 ● 归纳燃气用户移添改业务办理材料递交、整理要求	
	3. 办理燃气用户燃气拆除业务 ● 能根据燃气用户拆除业务需求受理业务并登记用户信息 ● 能根据燃气用户拆除业务需求引导办理	5. 燃气用户拆除业务 ● 说出燃气用户拆除规范标准 ● 说出燃气用户拆除业务办理流程 6. 燃气用户拆除业务 ● 归纳燃气用户拆除业务办理材料递交、整理要求 ● 说出燃气用户拆除业务办理常见问题	
	4. 办理燃气居民用户过户业务 ● 能根据燃气用户过户业务需求受理业务并登记用户信息 ● 能根据燃气用户过户业务需求引导办理	7. 燃气用户过户业务 ● 说出燃气用户过户规范标准 ● 说出燃气用户过户业务办理流程 8. 燃气用户过户业务注意事项 ● 归纳燃气用户过户业务办理材料递交、整理要求 ● 说出燃气用户过户业务办理常见问题	
	5. 处理燃气居民用户报修业务 ● 能根据燃气用户报修信息受理业务并登记信息 ● 能根据燃气用户报修需求上报信息 ● 能根据报修情况向用户反馈报修结果	9. 燃气用户报修业务 ● 说出常见燃气用户报修类型 ● 说出燃气用户报修业务办理流程 10. 燃气用户报修业务信息登记要求 ● 归纳燃气用户报修业务信息登记原则 ● 说出燃气用户报修上报信息填写要求 11. 报修信息反馈要求 ● 归纳燃气用户报修反馈方法	

学习任务	技能与学习要求	知识与学习要求	参考学时
2. 燃气用户业务办理	6. 处理客户投诉 ● 能根据不同场景处理投诉 ● 能根据燃气用户业务办理规范处理燃气用户投诉受理与回访	12. 燃气用户投诉方法与要点 ● 说出燃气用户投诉处理方法 ● 简述投诉处理的记录要点 13. 燃气用户回访内容 ● 说出燃气用户回访内容	20
3. 燃气用量抄录、核查、结算	1. 抄录燃气用量 ● 能根据燃气用户抄表技术规范识读燃气用户燃气表 ● 能根据燃气用户抄表技术规范记录燃气用户燃气用气量 2. 燃气抄表通知单填写 ● 能根据燃气用户抄表技术规范撰写抄表通知单 3. 燃气用户燃气账单识读 ● 能正确识读燃气用户账单	1. 燃气用量抄录方法与要求 ● 说出燃气表识读方法 ● 简述燃气抄表数据上传方法 2. 燃气用户抄表通知单填写要求 ● 说出燃气抄表通知单主要内容 3. 燃气用户燃气账单 ● 简述燃气用户燃气账单主要内容 ● 简述燃气用量计量标准	16
	4. 核查燃气用量 ● 能根据燃气用户抄表技术规范及燃气用户计费标准核算燃气费用	4. 燃气用量核查受理原则与结果 ● 概述燃气核查受理原则 ● 概述燃气核查结果分类 5. 燃气用量核查处理方法 ● 简述燃气用量核查处理方法	
	5. 结算燃气用量 ● 能根据燃气用户缴费技术规范指导用户缴费 ● 能根据燃气用户账款催缴处理规范对拖欠账款用户进行催缴	6. 燃气用量结算方法 ● 归纳燃气用户缴费方法 7. 燃气用户账款催缴处理方法 ● 归纳燃气用户账款常用催缴方法 ● 说出燃气用户账款拖欠处理方法	
4. 燃气用户安检	1. 燃气用户安检前期准备 ● 能依据燃气用户安检技术规范安检所需工具和资料准备 ● 能依据燃气用户安检要求填写安检告知书 2. 户内安全检查 ● 能运用燃气用户入户礼仪告知用户安检信息 ● 能依据燃气用户安检技术规	1. 燃气用户安检准备要求 ● 说出燃气用户安检所需主要工具 ● 说出安检员上门服务所需资料类型 2. 安检告知书填写内容与要求 ● 归纳安检告知书主要内容 ● 归纳安检告知书撰写要求 3. 入户检查要求 ● 归纳安检员入户要求 ● 说出安检员入户告知燃气用户主要信息内容	16

（续表）

学习任务	技能与学习要求	知识与学习要求	参考学时
4. 燃气用户安检	范识别燃气设施：燃气计量表、燃气灶具、燃气热水器安全故障 ● 能运用检漏仪器对燃气设施进行气密性测试	4. 燃气设施安检方法 ● 说出燃气安检主要检查设备 ● 说出燃气设施燃气计量表、燃气灶具、燃气热水器安检标准 5. 气密性测试要求 ● 说出气密性测试方法 ● 归纳气密性测试步骤	16
	3. 泄漏处置 ● 能依据燃气用户安检技术规范合理使用相应工具设备处置燃气用户设施泄漏故障	6. 泄漏处置方法 ● 说出安检过程中发现的泄漏问题处置要求 ● 归纳安检过程中发现的泄漏问题处置方法	
	4. 宣传安全用气 ● 能依据燃气用户安检技术规范告知燃气用户燃气设施检查结果及隐患事项 ● 能依据燃气用户安全用气要求制作宣传手册、宣传视频	7. 燃气用户常见隐患 ● 归纳常见隐患类型 ● 解释常见隐患产生原因 8. 燃气用户安全用气宣传要求 ● 归纳燃气用户安全用气宣传手册、宣传视频主要内容 ● 描述燃气用户安全用气宣传手册、宣传视频制作要点	
5. 燃气及燃气具营销	1. 燃气及燃气具营销 ● 能依据各类燃气器具产品说明书介绍各类燃气具基本功能、产品特点 ● 能依据燃气具销售规范开发燃气用户	1. 燃气及燃气具营销方法 ● 归纳燃气具产品说明书主要内容 ● 说出燃气具基本功能、产品特点 2. 燃气用户开发策略 ● 归纳不同燃气产品适用人群类别 ● 说出燃气用户开发方法	8
	2. 燃气保险营销 ● 能依据燃气具保险规范与保险产品销售流程，指导客户购买适用的燃气保险	3. 燃气保险营销方法 ● 说出保险行业基本常识、常见燃气保险产品 ● 归纳燃气保险购买要求	
总学时			72

五、实施建议

（一）教材编写或选用建议

1. 应依据本课程标准编写教材或选用教材，从国家和市级教育行政部门发布的教材目录中选用教材,优先选用国家和市级规划教材。

2. 教材要充分体现育人功能,紧密结合教材内容、素材,有机融入课程思政要求,将课程思政内容与专业知识、技能有机统一。

3. 教材编写应树立以学生为中心的教材观,遵循中职生认知特点与学习规律,以学生的思维方式设计教材结构和组织教材内容。教材应图文并茂,加深学生对燃气客户服务内容的认识。

4. 对于本课程来说,技能操作性强,教材编写应以职业能力为逻辑线索,按照职业能力培养由易到难、由简单到复杂、由单一到综合的规律,构建教材内容,确定燃气客户服务教材各部分的目标、内容,以及进行相应的任务、活动设计等,从而建立起一个以燃气专业用语和服务礼仪,燃气用户业务办理,燃气用量抄录、核查、结算,燃气用户安检,燃气及燃气具营销等相关职业能力为线索的结构清晰、层次分明的教材内容体系。

5. 教材在整体设计和内容选取时要注重引入燃气客户服务行业发展的新业态、新知识、新技术、新工艺、新方法,对接相应的职业标准和岗位要求,并吸收先进产业文化和优秀企业文化。创设或引入燃气客户服务职业情境,增强教材的职场感。

6. 增强教材对学生的吸引力,教材要贴近学生生活、贴近职场,采用生动活泼的、学生乐于接受的语言、图表等去呈现内容,让学生在使用教材时有亲切感、真实感。

(二)教学实施建议

1. 切实推进课程思政建设,寓价值观引导于知识传授和能力培养之中,帮助学生塑造正确的世界观、人生观、价值观。要深入梳理教学内容,结合课程特点,充分挖掘课程思政元素,有机融入课程教学,达到润物无声的育人效果。

2. 教学要充分体现职业教育"实践导向、任务引领、理实一体、做学合一"的课改理念,紧密联系燃气企业生产生活实际,通过燃气企业典型任务为载体,加强理论教学与实践教学的结合,充分利用各种实训场所与设备,加强产学合作,建立实习实训基地,实践工学交替,满足学生的实习实训需求,促进教与学方式转变。

3. 坚持以学生为中心的教学理念,充分尊重学生,遵循学生认知特点和学习规律,以学为中心设计和组织教学活动。教师应努力成为学生学习的组织者、指导者和同伴。

4. 改变传统的灌输式教学,充分调动学生学习的积极性、能动性,采取灵活多样的教学方式,积极探索自主学习、合作学习、探究式学习、问题导向式学习、体验式学习、混合式学习等体现教学新理念的教学方式。

5. 有效利用现代信息技术手段,改进教学方法与手段,提升教学效果。

（三）教学评价建议

1. 以课程标准为依据，开展基于标准的教学评价。

2. 以评促教，以评促学，通过课堂教学及时评价，不断改进教学方法与手段。

3. 教学评价始终坚持德技并重的原则，构建德技融合的专业课教学评价体系，把思政和职业素养的评价内容与要求细化为具体的评价指标，有机融入燃气客户服务专业知识与技能的评价指标体系中，形成可观察可测量的评价量表，综合评价学生学习情况。通过有效评价，在日常教学中不断促进学生良好的思想品德和职业素养的形成。

4. 注重日常教学中对学生学习的评价，充分利用多种过程性评价工具，如评价表、记录袋等，积累过程性评价数据，形成过程性评价与终结性评价相结合的评价模式。

（四）资源利用建议

1. 利用现代信息技术，开发制作各种形式的教学课件，具体包括视听光盘、幻灯片、多媒体课件等，使教学过程多样化，丰富教学活动。

2. 注重网络课程资源的开发和利用。积极开发课程网站，创设网络课堂，使教学内容、教程、教学视频等资源网络化，突破教学空间和时间的局限性，让学生学得主动，学得生动，以激发学生思维与技能的形成和拓展。

3. 积极利用数字图书馆、电子期刊、电子书籍，使教学内容多元化，以此拓展学生的知识和能力。

4. 充分利用行业企业资源，为学生提供阶段实训，将教学与实训合一，让学生在真实的环境中实践，提升职业综合素质。

燃气工程施工课程标准

┃ 课程名称

燃气工程施工

┃ 适用专业

中等职业学校城市燃气智能输配与应用专业

一、课程性质

本课程是城市燃气智能输配与应用专业的一门专业核心课程,也是一门专业必修课程。其功能是使学生掌握燃气管道安装、施工的基本工序和燃气工程施工的规范要求等相关知识和技能,具备从事燃气管道及设备安装、施工和竣工验收工作的基本职业能力。它是燃气管道工程识图、建筑设备安装、燃气输配与智能管网运行的后续课程,为学生后续岗位实习、从事燃气行业的职业生涯奠定基础。

二、设计思路

本课程的总体设计思路是遵循任务引领、理实一体的原则,根据中等职业学校城市燃气智能输配与应用专业的工作任务与职业能力分析,以土方工程实施、管道及附属设施安装、管道及附属设施试压与验收、燃气施工现场风险识别相关工作任务与职业能力为依据设置本课程。

课程内容紧紧围绕土方工程实施、管道及附属设施安装、管道及附属设施试压与验收、燃气施工现场风险识别所需的职业能力培养的需要,选取了常用管材及管件选择、常规燃气管道敷设、非常规燃气管道敷设、土方工程施工等内容,遵循适度够用的原则,确定相关理论知识、专业技能与要求,并融入管道工职业技能等级证书的相关考核要求。

课程内容组织以燃气工程施工为线索,设计了常用管材及管件选择、常规燃气管道敷设、非常规燃气管道敷设、土方工程施工 4 个学习任务。以任务为引领,通过工作任务整合相关知识、技能与职业素养。

本课程建议学时数为 72 学时。

三、课程目标

通过本课程的学习,学生具备燃气管道安装、施工的基本工序和燃气工程施工的规范要求,掌握燃气管材及管件选择、管道及附属设施安装与试压、竣工验收的理论知识和基本技能,达到管道工职业技能等级证书相关考核要求,具体达成以下职业素养和职业能力目标。

(一) 职业素养目标

- 严格遵守工程施工的操作流程,规范穿戴工作服,合理使用机具设备进行安装施工,养成良好的安全操作意识和习惯。

- 注重管道、附属设施安装施工的操作细节,自觉遵守管道、附属设施的安装标准要求,养成严谨细致的工作习惯和一丝不苟的工作态度。

- 岗位工作有行规,自觉遵守国家标准行业规范,树立正确价值观,增强职业责任感、使命感。

(二) 职业能力目标

- 能根据燃气管道输送介质的特点,合理选择燃气管材及管件。

- 能根据工程需要合理选择施工机具及工具,完成燃气管道加工和连接。

- 能合理选用阀门、法兰、补偿器,完成管道及附属设备安装。

- 能按照燃气管道工程施工相关规范,进行土方工程施工。

- 能按照燃气管道工程施工相关规范,完成燃气管道及附属设施的安装、试压与验收。

- 能根据国家、行业、地方标准规范及现场实际情况,运用施工现场危险源控制管理办法,对施工现场危险源进行控制管理。

四、课程内容与要求

学习任务	技能与学习要求	知识与学习要求	参考学时
1. 常用管材及管件选择	1. 识别燃气管道及管件 ● 能识别常用的燃气管道及管件 ● 能根据燃气管道输送介质的特点,合理选择燃气管网管材及管件	1. 管材标准化的概念 ● 概述公称直径标准及公称压力标准含义 ● 辨识常用的燃气管材及管件类型,辨识常用管材规格的表示方法	12
	2. 规范使用管道的附属设备 ● 能正确选用阀门、法兰、补偿器 ● 能计算波形补偿器伸缩量并进行波形补偿器预拉伸或预压缩 ● 能规范安装阀门、法兰、波形补偿器	2. 管道的附属设备 ● 辨识阀门的型号及燃气工程中常用阀门的结构,概述法兰类型 ● 概述常用补偿器的结构,概述波形补偿器伸缩量计算方法	

（续表）

学习任务	技能与学习要求	知识与学习要求	参考学时
1. 常用管材及管件选择	3. 选择燃气系统测量参数仪表 ● 能根据燃气管道工程中不同情况正确识别和选择相应的压力表、温度计、流量计	3. 燃气系统测量仪表的基本知识 ● 概述燃气工程中常用压力表、温度计、流量计、弹簧管式压力表、U形压力计的构造 ● 概述燃气工程中常用压力表、温度计、流量计、弹簧管式压力表、U形压力计的工作原理	12
	4. 连接燃气管道 ● 能连接管道螺纹、法兰装配和机械接口 ● 能操作手工套丝 ● 能根据不同燃气管材及管径,合理选择聚乙烯管道之间及聚乙烯管道与金属管道的连接方式	4. 燃气管道的连接方法 ● 概述燃气管道螺纹连接、机械接口连接、焊接连接、法兰连接、电熔连接、热熔连接方法和一般要求,列举管螺纹加工的方法 ● 复述燃气管道连接操作要点	
2. 常规燃气管道敷设	1. 常规管道敷设准备 ● 能根据不同施工方式及管径确定沟槽宽度 ● 能根据沟槽检验标准正确开挖并能对不符合要求的土质进行处理 ● 能根据现场实际情况合理选择支撑形式 ● 能根据不同气候条件、地质结构采取有效措施处理回填土并进行回填土施工	1. 管道敷设的准备工作 ● 概述沟槽的断面形式和尺寸,概述沟槽土方开挖的施工方法和常见支撑形式 ● 概述沟槽检验标准及要求,概述土方回填的质量要求	24
	2. 安装地下金属燃气管道 ● 能根据金属燃气管道安装要求及施工图控制管道的平面位置、高程、坡度,安装管道 ● 能埋设地下燃气管道警示带	2. 地下金属燃气管道的安装要求 ● 概述燃气钢管、铸铁管安装要求,概述金属燃气管道的布管要求,概述金属燃气管道埋设警示带的要求 ● 概述金属燃气管道埋设的最小管顶覆土厚度要求 3. 地下金属燃气管道的安装方法 ● 概述金属燃气管道与其他建筑物、构筑物基础或相邻管道之间的水平净距 ● 概述管道下沟的方法	

（续表）

学习任务	技能与学习要求	知识与学习要求	参考学时
2. 常规燃气管道敷设	3. 安装地下聚乙烯管道 ● 能根据燃气管道不同管材和管径,合理选择聚乙烯管道之间及聚乙烯管道与金属管道的连接方式 ● 能敷设聚乙烯燃气管道 ● 能埋设金属示踪线及警示带	4. 地下聚乙烯燃气管道的安装要求 ● 概述聚乙烯燃气管道与供热管,与其他建筑物、构筑物基础或相邻管道之间的水平净距要求、垂直净距要求 ● 概述聚乙烯燃气管道敷设时允许弯曲半径要求及金属示踪线埋设要求,概述聚乙烯燃气管道警示带的埋设要求 5. 地下聚乙烯燃气管道的安装方法 ● 概述聚乙烯燃气管道安装要求 ● 概述聚乙烯燃气管道埋设的最小管顶覆土厚度	24
	4. 安装架空燃气管道 ● 能完成管道常用支架安装 ● 能根据钢管支架的最大间距安装架空燃气管道 ● 能计算管道热伸长量及热伸长应力	6. 架空燃气管道的安装方法 ● 概述架空燃气管道安装要求;概述架空燃气管道的常用管材和连接方式;复述管道支架和支座类型 ● 概述管道热伸长量及热伸长应力的计算方法	
	5. 安装燃气引入管 ● 能合理选择燃气引入管引入方式 ● 能安装燃气引入管 ● 能根据沉降量设置燃气引入管金属柔性管或波纹补偿器等补偿措施 ● 能根据燃气引入管穿墙管径合理选择套管管径,安装套管	7. 燃气引入管的安装要求 ● 概述燃气引入管安装的一般规定 ● 概述燃气引入管的引入方式,概述燃气引入管的最小公称直径规定,概述燃气管道穿过建筑物基础、墙和楼板所设套管的管径的规定 8. 燃气引入管的安装方法 ● 概述引入管最小覆土厚度 ● 概述燃气引入管阀门的安装要求	
3. 非常规燃气管道敷设	1. 燃气管道穿跨越施工 ● 能安装穿越铁路、公路,穿跨越河流的燃气管道 ● 能合理设置穿越套管 ● 能合理选择稳管形式	1. 燃气管道穿跨越施工方法 ● 概述燃气管道穿越铁路、穿越公路的一般要求 ● 复述顶管施工方法及顶管作业内容,概述燃气管道穿跨越河流的一般施工方法	12
	2. 燃气管道带气接线 ● 能进行燃气钢管、铸铁管、聚乙烯管带气接线作业 ● 能合理确定次高压、中压燃气管道带气接线的降压值 ● 能充气置换新建管道 ● 能合理设置施工安全区	2. 燃气管道的带气接线施工方法 ● 复述燃气钢管、铸铁管、聚乙烯管带气接线方法,复述降压接线方法,复述不降压接线方法 ● 复述燃气管道带气接线施工的安全技术要求	

学习任务	技能与学习要求	知识与学习要求	参考学时
3. 非常规燃气管道敷设	3. 燃气管道防腐层施工 ● 能对聚乙烯防腐层进行补口和补伤 ● 能对聚乙烯防腐层进行质量检验 ● 能合理设置牺牲阳极填包料	3. 燃气管道防腐层施工方法 ● 复述埋地钢管防腐层施工方法,概述聚乙烯防腐层质量检验标准 ● 概述牺牲阳极法施工技术及流程	12
4. 土方工程施工	1. 土方工程实施 ● 能依据工程施工相关标准及工程实际情况,计算土方工程量 ● 能根据施工现场条件,依据法律法规要求,做好施工前期准备工作 ● 能根据施工要求,参与落实施工资源条件 ● 能按照燃气管道工程施工相关规范,实施文明施工	1. 土方工程的施工准备内容 ● 概述土方工程施工相关规范要求,概述土方工程施工前期的准备工作,概述土方工程施工的资源条件,概述文明施工的基本要求 ● 说出土方工程量的计算方法	24
	2. 管道及附属设施安装 ● 能按照管道及附属设施安装相关规范及实际施工条件,进行图纸会审 ● 能根据燃气管道工程施工要求,进行所需材料、设备的申领、防护 ● 能根据管道及附属设施安装施工图作业 ● 能根据燃气管道工程施工相关规范要求撰写施工日志 ● 能根据燃气管道工程施工相关规范要求进行安全生产、文明施工、现场交通维护	2. 管道及附属设施施工的基本要求 ● 概述燃气管道工程施工的基本要求 ● 概述常用燃气管道的验收标准,概述常用燃气管道的防护要求,概述管道及附属设施安装施工图的基本组成 3. 管道及附属设施施工的规范要求 ● 概述燃气管道工程安全生产的规范要求 ● 概述燃气管道工程文明施工的规范要求	
	3. 管道及附属设施试压、验收 ● 能根据燃气管道工程施工相关规范要求,按照施工图、专项方案施工 ● 能根据燃气管道工程施工相关规范要求,协调管道验收 ● 能根据燃气管道工程施工相关规范要求,进行监视、测量	4. 管道及附属设施的试压方法 ● 概述燃气管道及附属设施的试压方法 ● 概述燃气管道及附属设施试压的一般流程 5. 管道及附属设施的验收方法 ● 概述燃气管道及附属设施的验收标准及规范要求 ● 概述燃气管道及附属设施验收的基本步骤	

(续表)

学习任务	技能与学习要求	知识与学习要求	参考学时
4. 土方工程施工	● 能根据燃气管道工程施工相关规范要求,绘制施工图、编制施工小结、移交相关竣工资料		24
	4. 燃气施工现场风险识别 ● 能识读相关设计文件 ● 能熟练检索、掌握相关国家、行业及地方标准规范 ● 能识别施工现场常见危险源	6. 燃气施工现场的常见风险源 ● 熟悉施工现场危险源以及紧急安全处理办法 ● 概述燃气工程施工现场常见危险源控制管理方法	
总学时			72

五、实施建议

(一) 教材编写或选用建议

1. 应依据本课程标准编写教材或选用教材,从国家和市级教育行政部门发布的教材目录中选用教材,优先选用国家和市级规划教材。

2. 教材要充分体现育人功能,紧密结合教材内容、素材,有机融入课程思政要求,将课程思政内容与专业知识、技能有机统一。教材应图文并茂,循序渐进,讲解清楚,以提高学生的学习兴趣,加深学生对燃气工程施工技术的认识。教材应充分体现燃气工程施工技术的内容,有教学必需的实训操作项目及基本要求。

3. 教材编写应树立以学生为中心的教材观,遵循中职生认知特点与学习规律,以学生的思维方式设计教材结构和组织教材内容。

4. 对于此类技能操作性强的课程,教材编写应以职业能力为逻辑线索,按照职业能力培养由易到难、由简单到复杂、由单一到综合的规律,构建教材内容,确定教材各部分的目标、内容,以及进行相应的任务、活动设计等,从而建立起一个以相关职业能力为线索的结构清晰、层次分明的教材内容体系。

5. 依据本专业职业活动,设计典型工作任务,以任务引领型工作项目为载体,强调理论与实践相结合,按项目活动组织编写内容。项目活动应具有较强的可操作性、实用性,加强学生实际动手能力的培养。

6. 在教材编写中要突出培养学生正确的、科学的思维方法,要依据建筑行业的安全条例及各类建筑系统设施的国家标准进行编写,以适应建筑设备施工技术发展的需要。

7. 教材在整体设计和内容选取时要注重引入行业发展的新业态、新知识、新技术、新工艺、新方法,对接相应的职业标准和岗位要求,并吸收先进产业文化和优秀企业文化。创设或引入职业情境,增强教材的职场感。

8. 增强教材对学生的吸引力,教材要贴近学生生活、贴近职场,采用生动活泼的、学生乐于接受的语言、图表等去呈现内容,让学生在使用教材时有亲切感、真实感。

(二) 教学实施建议

1. 切实推进课程思政建设,寓价值观引导于知识传授和能力培养之中,帮助学生塑造正确的世界观、人生观、价值观。要深入梳理教学内容,结合课程特点,充分挖掘课程思政元素,有机融入课程教学,达到润物无声的育人效果。

2. 教学要充分体现职业教育"实践导向、任务引领、理实一体、做学合一"的课改理念,紧密联系企业生产生活实际,通过企业典型任务为载体,加强理论教学与实践教学的结合,充分利用各种实训场所与设备,促进教与学方式转变。

3. 在教学过程中,应立足于加强学生实际操作能力的培养,采用理论与实践、资源一体化项目教学和行动导向教学法,以工作任务为引领,突出教学的实训环节,提高学生的学习兴趣和职业能力。建议实训环节所占课时数比例不低于50%。

4. 坚持以学生为中心的教学理念,充分尊重学生,遵循学生认知特点和学习规律,以学为中心设计和组织教学活动。教师应努力成为学生学习的组织者、指导者和同伴。

5. 在教学过程中,应充分利用燃气工程施工实例,理论结合实践,加深学生的感性认识,提高学生的岗位适应能力。

6. 改变传统的灌输式教学,充分调动学生学习的积极性、能动性,采取灵活多样的教学方式,积极探索自主学习、合作学习、探究式学习、问题导向式学习、体验式学习、混合式学习等体现教学新理念的教学方式。

7. 在教学过程中,运用思考、实践、讨论、交流、评价等多种形式,提高学生独立操作和解决问题的能力,努力培养学生的创新精神。

8. 有效利用现代信息技术手段,改进教学方法与手段,提升教学效果。

9. 在教学过程中,要运用多媒体教学资源辅助教学,帮助学生理解燃气工程施工技术的相关知识。为保证教学效果,建议每位指导教师负责组织和指导 15～20 人,学生分组控制在 4～5 人／组。

10. 教学过程中教师应积极引导,在讲授或演示教学中,尽量使用多媒体教学设备,利用丰富的信息资源配备丰富的课件,并及时评估和反馈,提高学生的职业素质和职业道德。

（三）教学评价建议

1. 以课程标准为依据,开展基于标准的教学评价。

2. 以评促教,以评促学,通过课堂教学及时评价,不断改进教学方法与手段。

3. 改革传统的学生评价手段和方法,采用阶段评价、目标评价、项目评价、理论与实践一体化评价模式。关注评价的多元性,结合课堂提问、学生作业、平时测验、实验实训、技能竞赛、企业实习及考试等情况,综合评定学生成绩。

4. 教学评价始终坚持德技并重的原则,构建德技融合的专业课教学评价体系,把思政和职业素养的评价内容与要求细化为具体的评价指标,有机融入专业知识与技能的评价指标体系中,形成可观察可测量的评价量表,综合评价学生学习情况。通过有效评价,在日常教学中不断促进学生良好的思想品德和职业素养的形成。

5. 应注重对学生的动手能力和在实践中分析问题、解决问题能力的考核,对在学习和技术应用上有创新的学生应给予特别鼓励,要综合评价学生的能力。

6. 注重日常教学中对学生学习的评价,充分利用多种过程性评价工具,如评价表、记录袋等,积累过程性评价数据,形成过程性评价与终结性评价相结合的评价模式。

（四）资源利用建议

1. 注重实训指导手册的开发、应用。

2. 开发适合教师与学生使用的燃气工程施工技术多媒体教学课件。同时,建议加强该课程常用教学资源的开发,建立多媒体教学资源数据库,努力实现学校多媒体教学资源的共享,以提高教学资源利用效率。

3. 积极开发和利用网络课程资源,充分利用诸如电子书籍、电子期刊、数据库、数字图书馆、教育网站和电子论坛等网络信息资源,使教学从单一媒体向多种媒体转变。同时应积极创造条件构建远程教学平台,扩大课程资源的交互空间。

4. 产学合作开发实验实训课程资源,充分利用本行业典型的企业资源,加强产学合作,建立实习实训基地,实践工学交替,满足学生的实习实训需求,同时为学生的就业创造机会。

5. 建议设立本课程实训室,使之具备现场教学、实验实训的功能,实现教学与实训合一,满足学生综合职业能力培养的要求。

工程测量课程标准

▌课程名称

工程测量

▌适用专业

中等职业学校城市燃气智能输配与应用专业

一、课程性质

本课程是城市燃气智能输配与应用专业的一门专业核心课程,也是一门专业必修课程。其功能是使学生掌握工程测量的相关知识和技能,具备从事燃气管道工程施工测量工作的基本职业能力。它是燃气管道工程识图、建筑构造的后续课程,也是学生学习燃气工程施工等专业课程的基础。

二、设计思路

本课程的总体设计思路是遵循任务引领、做学一体的原则,参照住房和城乡建设部门初级工程测量员标准,根据燃气工程施工工作岗位要求,以工程测量的基本工作任务和燃气工程施工职业能力为依据设置。

课程内容的选取紧紧围绕燃气工程施工应具备的职业能力要求,选取了水准测量、角度测量、距离测量、施工放样等学习内容,遵循适度够用的原则,确定相关理论知识、专业技能与要求,并融入住房和城乡建设部门初级工程测量员的相关要求

课程内容组织以施工测量典型操作和内业数据处理为主线,包括水准测量、角度测量、距离测量、施工放样4个学习任务。以任务为引领,通过工作任务整合相关知识、技能与职业素养。

本课程建议学时数为108学时。

三、课程目标

通过本课程的学习,学生具备工程测量基本理论知识,掌握水准仪、经纬仪、全站仪等测量仪器的基本操作技能,达到住房和城乡建设部门初级工程测量员的相关要求,重点培养学生的专业自信及工匠精神,让学生切身地体会到测量工作的魅力及专业成就感,激发学生学习的内在驱动力,具体达成以下职业素养和职业能力目标。

（一）职业素养目标

- 通过测绘相关典型案例学习,弘扬北斗精神和工匠精神,树立民族文化自信。
- 通过实训实践,锻炼自身意志,培养吃苦耐劳的品质和攻坚克难的精神。
- 严格遵守测量规范、测量步骤,提高数据的准确性,培养学生高度的责任感、安全意识和严谨认真的测绘态度。

（二）职业能力目标

- 能根据工程测量员职业标准熟练使用钢尺进行水平距离测量。
- 能根据工程测量员职业标准熟练使用水准仪进行高程测量,完成水准测量的内业计算。
- 能根据工程测量员职业标准熟练使用经纬仪和全站仪进行角度测量,完成角度测量的内业计算。
- 能运用所学测量知识和技能进行已知水平距离、已知水平角和已知高程的测设,能进行燃气施工的点位放样。

四、课程内容与要求

学习任务	技能与学习要求	知识与学习要求	参考学时
1. 水准测量	1. 测量点的高程 ● 计算地面两点间的高差 ● 计算待定点的高程	1. 水准测量原理 ● 解释水准测量测高差的原理 ● 归纳待定点高程的计算方法	30
	2. 水准测量仪器操作 ● 识别 DS3 型自动安平水准仪的各个构件 ● 熟练操作 DS3 型自动安平水准仪测量两点间高差	2. 水准测量的仪器 ● 记住 DS3 型自动安平水准仪各个构件的名称及功能 ● 概述 DS3 型自动安平水准仪测量两点间高差的操作过程	
	3. 水准测量的外业观测 ● 完成简单水准测量的外业观测 ● 完成路线水准测量的外业观测	3. 水准测量的外业观测步骤 ● 概述简单水准测量的外业观测步骤 ● 概述路线水准测量的外业观测步骤	
	4. 水准测量的内业计算 ● 填写水准测量的数据记录簿 ● 进行水准测量的内业计算及测量成果检核	4. 水准测量的内业计算过程 ● 归纳水准测量数据填写的注意事项 ● 熟悉水准测量的内业计算及测量成果的检核方法	

（续表）

学习任务	技能与学习要求	知识与学习要求	参考学时
2. 角度测量	1. 角度计算 ● 计算水平角 ● 计算竖直角	1. 角度测量原理 ● 概述水平角的测量原理 ● 概述竖直角的测量原理	36
	2. 角度测量的仪器操作 ● 识别经纬仪、全站仪的各个构件 ● 进行经纬仪、全站仪的安置及调平	2. 角度测量的仪器 ● 记住经纬仪、全站仪各个构件的名称及功能 ● 概述经纬仪、全站仪的安置及调平方法	
	3. 水平角观测 ● 利用全站仪、经纬仪测量水平角 ● 填写水平角记录手簿并进行数据计算	3. 水平角观测过程 ● 概述全站仪、经纬仪测水平角的步骤 ● 归纳水平角记录手簿的填写及数据计算方法	
	4. 竖直角观测 ● 利用全站仪、经纬仪测量垂直角 ● 填写竖直角记录手簿并进行数据计算	4. 竖直角观测过程 ● 概述全站仪、经纬仪测竖直角的步骤 ● 归纳竖直角记录手簿的填写及数据计算方法	
3. 距离测量	1. 钢尺量距 ● 使用钢尺进行一般方法和精密方法的距离测量 ● 计算精密方法距离测量的结果和三项改正	1. 钢尺量距的工具 ● 概述钢尺量具的一般方法和精密方法 ● 记住精密方法距离测量结果和三项改正的计算方法	10
	2. 直线定向 ● 进行坐标方位角和象限角的转换 ● 推算未知坐标方位角	2. 直线定向方法 ● 掌握方位角和象限角的概念及两者的关系 ● 记住坐标方位角的推算方法	
4. 施工放样	1. 施工放样 ● 能测设已知水平距离 ● 能测设已知水平角 ● 能测设已知高程 ● 会计算放样的角度、距离和点的坐标 ● 能利用极坐标法进行燃气施工点位的放样	1. 施工放样的基本方法 ● 掌握已知水平距离、已知水平角、已知高程的测设方法 ● 掌握燃气施工点位的放样方法	32

（续表）

学习任务	技能与学习要求	知识与学习要求	参考学时
4. 施工放样	<ul><li>能利用直角坐标法进行燃气施工点位的放样</li><li>能利用角度交会法进行燃气施工点位的放样</li><li>能利用距离交会法进行燃气施工点位的放样</li><li>能利用全站仪进行燃气施工点位的放样</li></ul>		32
总学时			108

五、实施建议

（一）教材编写或选用建议

1. 应依据本课程标准编写教材或选用教材，从国家和市级教育行政部门发布的教材目录中选用教材，优先选用国家和市级规划教材。

2. 教材要充分体现育人功能，紧密结合教材内容、素材，有机融入课程思政要求，将课程思政内容与专业知识、技能有机统一。

3. 教材编写应树立以学生为中心的教材观，遵循中职生认知特点与学习规律，以学生的思维方式设计教材结构和组织教材内容。

4. 对于此类技能操作性强的课程，教材编写应以职业能力为逻辑线索，按照职业能力培养由易到难、由简单到复杂、由单一到综合的规律，构建教材内容，确定教材各部分的目标、内容，以及进行相应的任务、活动设计等，从而建立起一个以相关职业能力为线索的结构清晰、层次分明的教材内容体系。

5. 教材在整体设计和内容选取时要注重引入行业发展的新业态、新知识、新技术、新工艺、新方法，对接相应的职业标准和岗位要求，并吸收先进产业文化和优秀企业文化。创设或引入职业情境，增强教材的职场感。

6. 增强教材对学生的吸引力，教材要贴近学生生活、贴近职场，采用生动活泼的、学生乐于接受的语言、图表等去呈现内容，让学生在使用教材时有亲切感、真实感。

（二）教学实施建议

1. 切实推进课程思政建设，寓价值观引导于知识传授和能力培养之中，帮助学生塑造正确的世界观、人生观、价值观。要深入梳理教学内容，结合课程特点，充分挖掘课程思政元素,有机融入课程教学,达到润物无声的育人效果。

2. 教学要充分体现职业教育"实践导向、任务引领、理实一体、做学合一"的课改理念,紧密联系企业生产生活实际,通过企业典型任务为载体,加强理论教学与实践教学的结合,充分利用各种实训场所与设备,促进教与学方式转变。

3. 改变传统的灌输式教学,充分调动学生学习的积极性、能动性,采取灵活多样的教学方式,积极探索自主学习、合作学习、探究式学习、问题导向式学习、体验式学习、混合式学习等体现教学新理念的教学方式。

4. 有效利用现代信息技术手段,改进教学方法与手段,提升教学效果。

(三)教学评价建议

1. 以课程标准为依据,开展基于标准的教学评价。

2. 以评促教,以评促学,通过课堂教学及时评价,不断改进教学方法与手段。

3. 教学评价始终坚持德技并重的原则,构建德技融合的专业课教学评价体系,把思政和职业素养的评价内容与要求细化为具体的评价指标,有机融入专业知识与技能的评价指标体系中,形成可观察可测量的评价量表,综合评价学生学习情况。通过有效评价,在日常教学中不断促进学生良好的思想品德和职业素养的形成。

4. 注重日常教学中对学生学习的评价,充分利用多种过程性评价工具,如评价表、记录袋等,积累过程性评价数据,形成过程性评价与终结性评价相结合的评价模式。

(四)资源利用建议

1. 注重实训指导书和实验实训教材的开发和应用。

2. 注重录像、工程模型及仿真软件等常用课程资源和现代化教学资源的开发和利用,这些资源有利于创设形象生动的工作情境,激发学生的学习兴趣,促进学生对知识的理解和掌握。同时,建议加强常用课程资源的开发,建立多媒体课程资源的数据库,努力实现学校多媒体资源的共享,以提高课程资源利用效率。

3. 积极开发和利用网络课程资源,充分利用诸如电子书籍、电子期刊、数据库、数字图书馆、教育网站和电子论坛等网络信息资源,使教学从单一媒体向多种媒体转变,教学活动从信息的单向传递向双向交换转变,学生单独学习向合作学习转变。同时应积极创造条件搭建远程教学平台,扩大课程资源的交互空间。

4. 产学合作开发实验实训课程资源,充分利用本行业典型的企业资源,加强产学合作,建立实习实训基地,实践工学交替,满足学生的实习实训需求,同时为学生的就业创造机会。

5. 建立本专业开放实训中心,使之具备现场教学、实验实训、模拟职业技能考证的功能,实现教学与实训合一、教学与培训合一、教学与考证合一,满足学生综合职业能力培养要求。

热工测量与智能仪表课程标准

▎课程名称

热工测量与智能仪表

▎适用专业

中等职业学校城市燃气智能输配与应用专业

一、课程性质

本课程是城市燃气智能输配与应用专业的一门专业核心课程,也是一门专业必修课程。其功能是培养学生热工仪表及系统的安装、运行、调试及维护的技能,是燃气输配与智能管网运行课程的后续课程,为学生后续岗位实习、从事燃气行业的职业生涯奠定基础。

二、设计思路

本课程的总体设计思路是遵循理论联系实际、学以致用的原则,以城市燃气智能输配与应用专业燃气智能管网及输配场站的运行、调度及维护相关工作任务和职业能力分析为依据确定课程目标,设计课程内容,以燃气热工仪表测量工作任务为线索构建任务引领型课程。

课程内容紧紧围绕燃气智能管网及输配场站的运行、调度及维护应具备的职业能力要求,同时充分考虑本专业学生对相关理论知识的需要,并融入国家相关职业标准的要求,选取了典型热工参数测量、燃气热工仪表测量等内容,遵循适度够用的原则,确定相关理论知识、专业技能与要求。

课程内容的组织按照职业能力的发展规律和学生的认知规律,以燃气工程与服务涉及的热工测量与智能仪表的使用为逻辑主线,对所涵盖的工作任务进行分析、转化,共包括温度测量、湿度测量、压力测量、流速测量、流量测量、液位测量、热量测量、燃气热工仪表测量8个学习任务。以任务为引领,通过工作任务整合相关知识、技能与职业素养。

本课程建议学时数为 36 学时。

三、课程目标

通过本课程的学习,学生具备各类热工仪表的工作原理理论知识,掌握各类热工仪表的安装、使用及其注意事项等技能,能够进行温度、湿度、压力、流量、流速以及热量的单项和综合测量,具体达成以下职业素养和职业能力目标。

(一) 职业素养目标

● 严格遵守热工测量的操作规范,按要求和规范安装和操作仪表,养成良好的安全操作习惯。

● 注重仪表安装和使用的细节,自觉遵守仪表安装和使用的规程,养成严谨细致的工作习惯。

● 较长时间坚持在数据采集室以及仪表巡检工作岗位的耐心与毅力,不怕累不怕苦不怕脏,养成吃苦耐劳的品德。

(二) 职业能力目标

● 能规范使用热工测量设备及相关工具。

● 能按要求熟练完成常用热工测量设备的选型。

● 能按要求熟练完成常用热工测量设备的安装。

● 能按要求熟练完成常用热工测量设备的调试。

● 能按要求熟练完成常用热工测量设备的数据采集、存储。

● 能按要求利用常用热工测量设备搭建综合数据采集、监控系统。

● 能按要求进行燃气计量表及附属设施选型、安装,对燃气输配状态进行监控。

四、课程内容与要求

学习任务	技能与学习要求	知识与学习要求	参考学时
1. 温度测量	1. 膨胀式温度计测温 ● 能根据量程范围选用玻璃液柱温度计进行液体、气体温度测量 ● 能根据量程范围选用双金属片温度计进行工业现场温度测量 ● 能根据量程范围选用压力式温度计在工业场合对各种对铜无腐蚀作用的介质进行温度测量	1. 玻璃液柱温度计的结构原理和操作方法 ● 描述玻璃液柱温度计的结构 ● 解释玻璃液柱温度计的测温原理 ● 归纳玻璃液柱温度计的操作方法 2. 双金属片温度计的结构原理和操作方法 ● 描述双金属片温度计的结构 ● 解释双金属片温度计的测温原理 ● 归纳双金属片温度计的操作方法 3. 压力式温度计的结构原理和操作方法 ● 描述压力式温度计的结构 ● 解释压力式温度计的测温原理 ● 归纳压力式温度计的操作方法	6
	2. 热电偶温度计测温 ● 根据量程范围选用热电偶温度计进行锅炉温度测量	4. 热电偶温度计的结构原理 ● 描述热电偶温度计的结构,知道热电偶温度计的分类	

（续表）

学习任务	技能与学习要求	知识与学习要求	参考学时
1. 温度测量	● 能根据现场环境对热电偶温度计进行冷端温度补偿 ● 能简单制作或者修复失效热电偶 ● 能够使用热电偶分度表来查询测量对象的温度 ● 能够将热电偶与温度变送器等进行连接，组建温度测量和采集系统 ● 能迅速判定热电偶温度计故障点 ● 能制作简单的工装完成对热电偶的焊接修复	● 解释热电偶温度计的测温原理 ● 归纳制作热电偶的材料要求 5. 热电偶温度计的操作方法 ● 归纳热电偶温度计的操作方法 ● 说明热电偶温度计冷端补偿原理	6
	3. 热电阻温度计测温 ● 能根据使用场合正确选择合适类型的热电阻温度计 ● 能根据使用场合正确选择合适类型的热电阻温度计接线方法 ● 能将热电阻与温度变送器等进行连接，组建温度测量和采集系统	6. 热电阻温度计的结构原理 ● 描述热电阻温度计的结构，解释热电阻温度计的测温原理 ● 解释热电阻二线制、三线制和四线制各自的接线原理和适用场合	
2. 湿度测量	1. 干湿球湿度计测湿 ● 能正确完成干湿球湿度计外观检查 ● 能根据测量精度要求灵活运用干湿球湿度计进行准确度5%～7%RH 的湿度测量	1. 湿度的定义 ● 记住绝对湿度、相对湿度、含湿量的定义 2. 干湿球湿度计的结构、测湿原理 ● 描述干湿球湿度计的结构 ● 解释干湿球湿度计的测湿原理	2
3. 压力测量	1. 液柱式压力表测压 ● 能根据测压环境灵活运用液柱式压力表进行实验室低压和真空度的压力测量 ● 能利用液柱式压力表判断低压燃气管是否泄漏	1. 压力的定义 ● 解释压力的定义 2. 液柱式压力表的分类及原理 ● 知道液柱式压力表的分类 ● 解释液柱式压力表的测压原理	6
	2. 弹性式压力表测压 ● 根据测量环境灵活运用弹性式压力表进行生产现场的压力测量	3. 弹性式压力表的结构分类 ● 描述弹性式压力表的结构，知道弹性式压力表的分类 ● 概括弹性式压力表所用弹性元件的特点 4. 弹性式压力表的使用方法 ● 说出弹性式压力表的使用方法	

（续表）

学习任务	技能与学习要求	知识与学习要求	参考学时
3. 压力测量	3. 电气式压力表测压 ● 根据生产过程自动化的要求灵活运用电气式压力表及变送器进行压力集中监测和控制	5. 电气式压力表的结构分类 ● 描述电气式压力表的结构,知道电气式压力表的分类 ● 说出电气式压力表的测压原理 6. 电气式压力表的使用方法 ● 说出电气式压力表的使用方法	6
4. 流速测量	1. 毕托管流速仪测流速 ● 根据测量环境灵活运用毕托管流速仪进行清洁空气或者流体的流速测量	1. 毕托管流速仪的结构原理 ● 记住流速测量原理中总压、静压、动压的定义 ● 解释毕托管流速仪的测速原理 ● 描述毕托管流速仪的结构,知道毕托管流速仪的分类 2. 毕托管流速仪的使用方法 ● 记住毕托管流速仪的使用方法及注意事项	4
	2. 激光测速仪和热线风速仪测流速 ● 根据测量环境灵活运用激光测速仪进行较远距离流体的流速测量 ● 根据测量环境灵活运用热线风速仪进行平均风流速测量	3. 激光测速仪的结构原理 ● 说出激光测速仪的组成结构 ● 解释激光测速仪的测速原理 4. 激光测速仪的使用方法 ● 记住激光测速仪的使用方法及注意事项 5. 热线风速仪的结构原理 ● 描述热线风速仪的组成结构 ● 解释热线风速仪的测速原理 6. 热线风速仪的使用方法 ● 说出热线风速仪的使用方法	
5. 流量测量	1. 差压式流量计测流量 ● 根据测量介质灵活运用差压式流量计进行气体、蒸汽、流体的流量测量	1. 流量的定义 ● 解释流量的定义 ● 概述流量仪表的主要技术参数 2. 差压式流量计的结构原理 ● 列举差压式流量计的节流装置 ● 解释差压式流量计的测量原理 3. 差压式流量计的操作方法 ● 归纳差压式流量计的安装方法及使用要求	6
	2. 涡轮流量计测流量 ● 根据测量介质灵活运用涡轮流量计进行天然气、液体体积瞬时流量和体积总量的测量	4. 涡轮流量计的基本知识 ● 描述涡轮流量计的结构 ● 解释涡轮流量计的测量原理 5. 涡轮流量计的测量方法 ● 概述涡轮流量计的测量过程	

（续表）

学习任务	技能与学习要求	知识与学习要求	参考学时
5. 流量测量	3. 使用其他流量测量仪表测流量 ● 根据测量介质灵活运用电磁流量计进行强酸、强碱等强腐蚀性液体和均匀含有液固两相悬浮液体的流量测量 ● 根据测量介质灵活运用超声波流量计进行非导电液体流量测量 ● 根据测量介质灵活运用转子流量计在复杂、恶劣环境下进行各种介质条件的流量测量	6. 电磁流量计的测量原理、适用范围 ● 解释电磁流量计的测量原理 ● 说明电磁流量计的适用范围 7. 超声波流量计的测量原理 ● 解释超声波流量计的测量原理 ● 掌握超声波流量计换能器的布置方法 8. 转子流量计的测量原理 ● 解释转子流量计的测量原理 ● 区别转子流量计和孔板流量计测量原理的差别	6
6. 液位测量	1. 静压式液位计测液位 ● 根据测量介质灵活运用静压式液位计对过载及腐蚀性介质进行液位测量	1. 静压式液位计的工作原理 ● 解释静压式液位计的工作原理 2. 静压式液位计的修正方法 ● 解释静压式液位计的无迁移、负迁移和正迁移等校正方法的原理	4
	2. 浮力式液位计测液位 ● 根据测量介质灵活运用浮力式液位计进行各种液体以及高温、高压、腐蚀性和易燃易爆介质的连续液位测量	3. 浮力式液位计的工作原理 ● 解释浮力式液位计的工作原理 4. 浮力式液位计的分类 ● 知道浮力式液位计的分类	
7. 热量测量	1. 传导热流计测热量 ● 根据测量用途灵活运用传导热流计对各种设备的保温性能进行热量测试	1. 传导热流计的工作原理 ● 归纳传导热流计的分类 ● 解释传导热流计的工作原理 2. 传导热流计的测量方法 ● 概述热流计的校准方法 ● 概述传导热流计的测量方法	2
8. 燃气热工仪表测量	1. 智能燃气计量表选型、安装、调试及信号配置 ● 能根据计量标准和热工测试规范辨别常用热工测控仪表和各种测量仪器、仪表的构造和类型 ● 能根据计量标准和热工测试规范进行常用热工测控仪表安装、使用 ● 能根据计量标准和热工测试规范进行自动控制仪表安装、使用	1. 各类智能燃气计量表的结构及工作原理 ● 描述各类智能燃气计量表的结构及工作原理 ● 简述智能燃气计量表镶接、调试、信号配置的准备工作	6

（续表）

学习任务	技能与学习要求	知识与学习要求	参考学时
8. 燃气热工仪表测量	● 能按照具体工程规范选择常用测量仪表、合理组建测量采集系统		6
	2. 燃气系统数据测量和采集平台组建 ● 能按照具体工程规范选择合适量程和使用场合的测量仪表,并正确布置和安装 ● 能将燃气系统布置的各类数据采集仪表、变送器、执行器和控制器等正确连接 ● 能对燃气系统数据测量和采集平台进行功能调试、使用及简单维护	2. 各类智能燃气计量表信号配置方法 ● 分析各类智能燃气计量表信号配置原理	
总学时			36

五、实施建议

（一）教材编写或选用建议

1. 应依据本课程标准编写教材或选用教材,从国家和市级教育行政部门发布的教材目录中选用教材,优先选用国家和市级规划教材。

2. 应将本专业职业活动分解成若干典型的工作项目,按完成工作任务的难易程度和岗位操作规程,引入必需的理论知识,加强操作训练,强调理论在实践过程中的应用。

3. 教材应图文并茂,提高学生的学习兴趣,加深学生对电气产品、电子产品的认识。教材表述必须精练、准确、科学。

4. 教材内容应体现先进性、通用性、实用性,要将本专业新技术、新工艺、新设备及时地纳入教材,使教材更贴近本专业的发展和实际需要。

5. 教材中的活动设计内容要具体,并具有可操作性。

（二）教学实施建议

1. 在教学过程中,应立足于加强学生实际操作能力的培养,采用项目教学,以工作任务为引领,提高学生学习兴趣,激发学生的成就感。

2. 本课程教学的关键是充分利用热工仪表与测量教学特点,注重图示、实例解析、结构分析、实物操作、工作活动。在教学过程中,教师示范和学生训练互动,学生提问与教师解答、指导有机结合,让学生在"教"与"学"过程中,认识热工测量仪表,熟练使用热工测量仪表与仪器,认识和应用有关热工仪表和自动工作仪表。

3. 在教学过程中,要创设工作情境,紧密结合职业技能证书的考核要求,加强操作训练,使学生在学习过程中进行实践操作,在实践操作过程中加强学习,更高效地掌握热工仪表与测量仪表,提高学生的岗位适应能力。

4. 在教学过程中,要运用多媒体等教学资源辅助教学,帮助学生理解部分设备的内部结构。运用思考、实践、讨论、交流、评价等多种形式,提高学生独立思考操作和解决问题的实际能力,努力培养学生的创新精神。

5. 在教学过程中,要关注本专业领域新技术、新工艺、新设备发展趋势,贴近生产现场。为学生提供职业生涯发展的空间,努力培养学生的职业能力和创新精神。

6. 教师在教学过程中应积极引导学生提升职业素质,提高职业道德。

(三)教学评价建议

1. 改革传统的学生评价手段和方法,采用阶段评价、目标评价、项目评价、理论与实践一体化评价模式。

2. 关注评价的多元性,结合课堂提问、学生作业、平时测验、实验实训、技能竞赛及考试情况,综合评定学生成绩。

3. 应注重对学生的动手能力和实践中分析问题、解决问题能力的考核,对学习和应用上有创新的学生应给予特别鼓励,要综合评价学生的能力。

(四)资源利用建议

1. 注重实训指导书和实验实训教材的开发和应用。

2. 注重挂图、幻灯片、投影片、录像带、视听光盘、教学仪器、多媒体仿真软件等常用课程资源和现代化教学资源的开发和利用,这些资源有利于创设形象生动的工作情境,激发学生的学习兴趣,促进学生对知识的理解和掌握。同时,建议加强常用课程资源的开发,建立多媒体课程资源的数据库,努力实现学校多媒体资源的共享,以提高课程资源利用效率。

3. 积极开发和利用网络课程资源,充分利用诸如电子书籍、电子期刊、数据库、数字图书馆、教育网站和电子论坛等网络信息资源,使教学从单一媒体向多种媒体转变,教学活动从信息的单向传递向双向交换转变,学生单独学习向合作学习转变。同时应积极创造条件搭建远程教学平台,扩大课程资源的交互空间。

4. 产学合作开发实验实训课程资源,充分利用本行业典型的企业资源,加强产学合作,建立实习实训基地,实践工学交替,满足学生的实习实训需求,同时为学生的就业创造机会。

5. 建立本专业开放实训中心,使之具备现场教学、实验实训、模拟职业技能考证的功能,实现教学与实训合一、教学与培训合一、教学与考证合一,满足学生综合职业能力培养的要求。

燃气燃烧应用课程标准

┃ 课程名称

燃气燃烧应用

┃ 适用专业

中等职业学校城市燃气智能输配与应用专业

一、课程性质

本课程是城市燃气智能输配与应用专业的一门专业核心课程,也是一门专业必修课程。其功能是使学生初步掌握燃气燃烧技术和操作应用的基本方法,具备从事燃气户内检修工和燃气设备检修工相关的职业能力。它是城市燃气基础的后续课程,也是学生学习其他后续专业课程的基础。

二、设计思路

本课程的总体设计思路是遵循任务引领、理实一体的原则,根据城市燃气智能输配与应用专业的工作任务与职业能力分析,以民用燃气具安装与维修及户内燃气安全设施安装与维护相关工作任务与职业能力为依据设置本课程。

课程内容紧紧围绕民用燃气具安装与维修及户内燃气安全设施安装与维护所需的职业能力培养的需要,选取了燃气基本性质测定、常见燃气设备检测等主要内容,遵循适度够用的原则,选取相关理论知识和专业技能要求,并融入燃气供应服务员的相关标准或考核要求。

课程内容组织以燃气燃烧技术应用及检测为主线,设计了燃气基本性质测定、燃气计量表的检测、燃气灶的气密性及热效率测试、快速式燃气热水器的气密性及热效率测试、容积式燃气热水炉的应用、燃气安全事故分析 6 个学习任务,以任务为引领,通过工作任务整合相关知识、技能与职业素养。

本课程建议学时数为 72 学时。

三、课程目标

通过本课程的学习,学生具备燃气燃烧技术的基本知识,能够运用民用燃气设备检测及应用的基本方法,达到燃气户内检修工和燃气设备检修工的相关职业能力要求,培养学生诚实、守信、善于沟通和合作的品质,树立安全用气的意识,具体达成以下职业素养和职业能力目标。

（一）职业素养目标

- 严格遵守燃气燃烧应用检测的操作规范。
- 自觉遵守户内安全用气及检测要求，养成严谨细致的工作习惯。
- 形成服务用户、服务社会的奉献精神。

（二）职业能力目标

- 能严格执行燃气应用的安全规则。
- 能测定燃气的高热值、低热值。
- 能计算燃气燃烧空气量、烟气量。
- 能合理布置燃气表、燃气灶、热水器等燃气设备
- 能检查燃气计量表的气密性。
- 能判别燃气燃烧的主要方式。
- 能使用民用燃气设备。
- 能测定燃气灶、燃气热水器的气密性及热效率。
- 能检测热水炉系统运行情况。
- 能分析判断燃气安全事故。

四、课程内容与要求

学习任务	技能与学习要求	知识与学习要求	参考学时
1. 燃气基本性质测定	1. 燃气热值的测定 ● 能正确操作热值仪，测定燃气燃烧数据 ● 能运用实验所得数据熟练计算出高、低热值并分析数据 ● 能根据实验装置画出热值测试系统流程图	1. 能源与燃气的概念 ● 列举燃气的分类 ● 解释使用燃气的意义 2. 燃气的基本性质 ● 复述并说明燃气的基本性质 3. 热值的概念及计算方法 ● 归纳、说明低热值、高热值的换算 4. 热值测试系统流程 ● 说出系统主要仪器的名称及作用	12
	2. 常用测量仪表的使用 ● 能正确使用并准确读出温度计、大气压力计、U型压力计、湿式气体流量计等仪表 ● 能规范进行数据校准	5. 常用测量仪表的使用方法 ● 说出温度计、大气压力计、U型压力计、湿式气体流量计等仪表的识读方法 ● 说出温度计、大气压力计、U型压力计、湿式气体流量计等仪表的使用注意事项	

（续表）

学习任务	技能与学习要求	知识与学习要求	参考学时
1. 燃气基本性质测定	3. 燃气燃烧空气量的计算 ● 能正确使用燃烧反应化学方程式推导燃气燃烧空气量计算公式 ● 能正确使用燃气燃烧空气量计算公式计算不同种类燃气燃烧所需理论空气量、实际空气量	6. 燃气燃烧空气量的计算方法 ● 复述燃气燃烧空气量的计算公式 ● 说出空气量计算公式中各项的物理意义	12
	4. 燃气燃烧烟气量的计算 ● 能正确使用燃烧反应化学方程式推导燃气燃烧烟气量计算公式 ● 能正确使用燃气燃烧空气量计算公式计算不同种类燃气燃烧所需理论烟气量、实际烟气量	7. 燃气燃烧烟气量的计算方法 ● 复述燃气燃烧烟气量的计算公式 ● 说出烟气量计算公式中各项的物理意义 ● 说出理论烟气量与实际烟气量计算的不同之处	
2. 燃气计量表的检测	1. 居民用户燃气设备的布置 ● 能合理布置燃气表、燃气灶、热水器等燃气设备	1. 居民用户燃气设备主要类型 ● 说出居民室内燃气设备的名称 2. 居民室内燃气设备的常规布置原则 ● 按规范确定居民室内燃气设备的常规位置	12
		3. 施工图的绘制步骤及备料和预算单的内容 ● 归纳居民用户室内燃气设备施工图的绘制步骤 ● 说明工程备料和预算单的内容	
	2. 典型燃气计量表的气密性检查及校准 ● 能按操作规范完成民用燃气表的气密性检查及校准 ● 能按操作规范完成实施气体流量计的气密性检查及校准	4. 室内燃气设施的安装步骤 ● 归纳、复述燃气管道及设施安装步骤	
3. 燃气灶的气密性及热效率测试	1. 气密性检查 ● 能检测燃气管路系统的气密性并找出漏气点	1. 燃气系统安全检测的内容 ● 概述燃气设备的安全使用规范	14
	2. 燃气灶系统测试 ● 能画出燃气灶热工状况测试系统流程图 ● 完成燃气灶与各设备的连接 ● 能正确使用燃气灶测试系统	2. 测试系统流程 ● 说明测试系统流程 3. 燃气灶的基本构造 ● 解释燃气灶的工作原理、常见故障及安全措施	

学习任务	技能与学习要求	知识与学习要求	参考学时
3. 燃气灶的气密性及热效率测试	3. 热负荷、热效率的计算 ● 能运用实验所得数据熟练计算出热负荷、热效率并分析数据	4. 热负荷、热效率的概念 ● 说明热负荷、热效率的定义及区别 5. 热负荷、热效率的计算方法 ● 归纳计算燃气灶的热负荷、热效率的方法	14
4. 快速式燃气热水器的气密性及热效率测试	1. 燃气热水器系统测试 ● 能完成燃气热水器的操作及与各设备的连接 ● 能正确使用燃气热水器热工状况测试系统	1. 测试系统流程 ● 说明燃气热水器热工状况测试系统流程图 2. 燃气热水器的基本构造 ● 归纳燃气热水器的工作原理、常见故障及安全措施	12
	2. 热负荷、热效率的计算 ● 能运用实验所得数据熟练计算出热负荷、热效率并分析数据	3. 热负荷、热效率的计算方法 ● 归纳计算燃气热水器的热负荷、热效率的方法	
5. 容积式燃气热水炉的应用	1. 热水炉系统启动、停止 ● 能画出系统的流程示意图 ● 能规范启动、停止燃气热水炉系统	1. 燃气热水炉的结构 ● 复述热水炉结构的名称及功能 2. 燃气热水炉系统的组成 ● 说明燃气热水炉、水箱、水泵系统的工作流程 3. 燃气热水炉系统启动、停止步骤 ● 说出启动、停止步骤	12
	2. 热水炉系统运行情况检测 ● 能检测热水炉温控器是否工作 ● 能检测水温变化是否符合要求	4. 热水炉自控系统中温控器的作用 ● 说明温控器的作用 5. 燃气热水炉水温变化的监测及运行控制 ● 概述燃气热水炉运行过程监测及控制方法	
6. 燃气安全事故分析	1. 燃气泄漏事故案例分析 ● 能按要求利用互联网收集相关的案例资料 ● 能利用燃气安全基础知识对泄漏事故的原因进行分析及处理	1. 燃气泄漏事故 ● 概述燃气泄漏事故原因 ● 整理事故信息，包括时间、地点、后果	10
	2. 燃气爆炸事故案例分析 ● 能利用燃气安全基础知识分析爆炸原因 ● 能按要求对燃气爆炸事故进行应急处理	2. 燃气爆炸事故 ● 整理应急处置的要求、方法 ● 概述不同爆炸场景的应急处理方法	

（续表）

学习任务	技能与学习要求	知识与学习要求	参考学时
6. 燃气安全事故分析	3. 燃气非正常计量案例分析 ● 能利用燃气表具计量原理判断非正常计量类型	3. 燃气非正常计量 ● 举例说明常见燃气非正常计量类型 4. 燃气非正常计量处置办法 ● 概述常规的燃气非正常计量处置办法	10
总学时			72

五、实施建议

（一）教材编写或选用建议

1. 应依据本课程标准编写教材或选用教材，从国家和市级教育行政部门发布的教材目录中选用教材，优先选用国家和市级规划教材。

2. 教材要充分体现育人功能，紧密结合教材内容、素材，有机融入课程思政要求，将课程思政内容与专业知识、技能有机统一。

3. 教材编写应树立以学生为中心的教材观，遵循中职生认知特点与学习规律，以学生的思维方式设计教材结构和组织教材内容。

4. 教材编写应以职业能力为逻辑线索，增强技能操作性，按照职业能力培养由易到难、由简单到复杂、由单一到综合的规律，构建教材内容，确定教材各部分的目标、内容，以及进行相应的任务、活动设计等，从而建立起一个以相关职业能力为线索的结构清晰、层次分明的教材内容体系。

5. 教材在整体设计和内容选取时要注重引入行业发展的新业态、新知识、新技术、新工艺、新方法，对接相应的职业标准和岗位要求，并吸收先进产业文化和优秀企业文化。创设或引入职业情境，增强教材的职场感。

6. 增强教材对学生的吸引力，教材要贴近学生生活、贴近职场，采用生动活泼的、学生乐于接受的语言、图表等去呈现内容，让学生在使用教材时有亲切感、真实感。

（二）教学实施建议

1. 切实推进课程思政建设，寓价值观引导于知识传授和能力培养之中，帮助学生塑造正确的世界观、人生观、价值观。要深入梳理教学内容，结合课程特点，充分挖掘课程思政元素，有机融入课程教学，达到润物无声的育人效果。

2. 教学要充分体现职业教育"实践导向、任务引领、理实一体、做学合一"的课改理念，紧密联系企业生产生活实际,通过企业典型任务为载体,加强理论教学与实践教学的结合,充分利用各种实训场所与设备,促进教与学方式转变。

3. 坚持以学生为中心的教学理念,充分尊重学生,遵循学生认知特点和学习规律,以学为中心设计和组织教学活动。教师应努力成为学生学习的组织者、指导者和同伴。

4. 改变传统的灌输式教学,充分调动学生学习的积极性、能动性,采取灵活多样的教学方式,积极探索自主学习、合作学习、探究式学习、问题导向式学习、体验式学习、混合式学习等体现教学新理念的教学方式。

5. 有效利用现代信息技术手段,改进教学方法与手段,提升教学效果。

(三)教学评价建议

1. 以课程标准为依据,开展基于标准的教学评价。

2. 以评促教,以评促学,通过课堂教学及时评价,不断改进教学方法与手段。

3. 教学评价始终坚持德技并重的原则,构建德技融合的专业课教学评价体系,把思政和职业素养的评价内容与要求细化为具体的评价指标,有机融入专业知识与技能的评价指标体系中,形成可观察可测量的评价量表,综合评价学生学习情况。通过有效评价,在日常教学中不断促进学生良好的思想品德和职业素养的形成。

4. 注重日常教学中对学生学习的评价,充分利用多种过程性评价工具,如评价表、记录袋等,积累过程性评价数据,形成过程性评价与终结性评价相结合的评价模式。

(四)资源利用建议

1. 注重实训指导手册的开发、应用。

2. 开发适合教师与学生使用的燃气燃烧技术多媒体教学课件。同时,建议加强该课程常用教学资源的开发,建立多媒体教学资源数据库,努力实现学校多媒体教学资源的共享,以提高教学资源利用效率。

3. 积极开发和利用网络课程资源,充分利用诸如电子书籍、电子期刊、数据库、数字图书馆、教育网站和电子论坛等网络信息资源,使教学从单一媒体向多种媒体转变。同时应积极创造条件构建远程教学平台,扩大课程资源的交互空间。

4. 产学合作开发实验实训课程资源,充分利用本行业典型的企业资源,加强产学合作,建立实习实训基地,实践工学交替,满足学生的实习实训需求,同时为学生的就业创造机会。

5. 建议设立本课程实训室,使之具备现场教学、实验实训的功能,实现教学与实训合一,满足学生综合职业能力培养的要求。

燃气输配与智能管网运行课程标准

▌课程名称

燃气输配与智能管网运行

▌适用专业

中等职业学校城市燃气智能输配与应用专业

一、课程性质

本课程是城市燃气智能输配与应用专业的一门专业核心课程,也是一门专业必修课程。其功能是使学生掌握燃气输配系统、燃气输配技术相关知识和技能,具备使用各种燃气输配设施和从事燃气输配、燃气工程工作的基本职业能力。它是流体输送的后续课程,为学生后续岗位实习、从事燃气行业的职业生涯奠定基础。

二、设计思路

本课程的总体设计思路是遵循任务引领、做学一体的原则,参照燃气储运工(五级)国家职业技能标准,根据燃气智能管网及输配场站的运行、调度及维护工作领域的要求,以燃气智能管网运行监测、燃气智能管网运行调度、燃气智能管网运行维护、燃气调压器及其附属设施运行维护、燃气输配场站设施运行维护、燃气管网事故应急处置及预防的工作任务和职业能力分析结果为依据设置。

课程内容的选取紧紧围绕燃气智能管网及输配场站的运行、调度及维护工作应具备的职业能力要求,同时充分考虑本专业学生对相关理论知识的需要,并融入燃气储运工(五级)国家职业技能标准。

课程内容的组织以燃气输配为主线,包括燃气智能管网运行监测、燃气智能管网运行调度、燃气智能管网运行维护、燃气调压器及其附属设施运行维护、燃气输配场站设施运行维护、燃气管网事故应急处置及预防 6 个学习任务。以任务为引领,通过工作任务整合相关知识、技能与态度,充分体现任务引领型课程的特点。

本课程建议学时数为 72 学时。

三、课程目标

通过本课程的学习,学生能熟悉燃气智能管网运行监测、燃气智能管网运行调度、燃气智能管网运行维护、燃气调压器及其附属设施运行维护、燃气输配场站设施运行维护、燃气管网事故应急处置及预防的理论知识,掌握城市燃气输配系统运行管理的基本技能,达到燃气储运工(五级)国家职业技能标准,形成燃气储运工基本职业素养,具备综合利用基础理论知识分析和解决工程实际问题的能力,具体达成以下职业素养和职业能力目标。

(一)职业素养目标

- 严格遵守燃气输配与智能管网运行的操作规范,规范穿戴工作服,合理使用机具设备进行操作,养成良好的安全操作意识和习惯。
- 自觉遵守国家标准行业规范,树立正确价值观,增强职业责任感、使命感。
- 注重燃气输配与智能管网运行工作的细节与流程,养成严谨细致的工作习惯和一丝不苟的工作态度。
- 较长时间坚持在燃气输配与智能管网运行工作岗位的耐心与毅力,不怕累不怕苦不怕脏,养成吃苦耐劳的品德。

(二)职业能力目标

- 能使用信息技术进行燃气智能管网中压力、流量等各项参数的运行监测。
- 能使用信息技术进行燃气输配管网中压缩机等设备的启闭。
- 能使用计算机技术(如 GIS、SCADA 等)协助完成燃气输配工作。
- 能运用燃气输配系统的分布负荷判断系统的运行现状并进行燃气管网的维护修复。
- 能在区域供气发生紧急情况时及时采取措施,调整及平衡区域燃气供气压力。
- 能调节城市燃气管网的停气、送气及调压器出口压力并能及时排除调压器的一般故障。
- 能熟记区域内管网阀门位置及功能,能对阀门进行日常维护保养并保证需要时发挥功能,能在区域燃气管网发生故障或紧急情况时及时关启阀门,保证供气平衡和安全用气。
- 能根据燃气管网事故应急处置相关法律法规及标准进行现场安全控制、应急处置。

四、课程内容与要求

学习任务	技能与学习要求	知识与学习要求	参考学时
1.燃气智能管网运行监测	1.判断燃气输配管网的类型 ● 能分析判断燃气输配管网的类型 ● 能识别燃气智能管网图中各标识的含义及配套电子图档	1.燃气输配管网的类型 ● 了解燃气输配管网的几种类型 ● 解释燃气智能管网图中各标识的含义 2.燃气输配管网的构成 ● 列举燃气输配管网的构成	10

（续表）

学习任务	技能与学习要求	知识与学习要求	参考学时
1. 燃气智能管网运行监测	● 能使用信息技术搜索典型燃气输配管网的类型和布局 ● 能熟练掌握燃气设备的功能及作用	3. 燃气管网的压力级制 ● 记住燃气压力管网的七级分类 ● 说出典型燃气管网的压力级制	10
	2. 读取膜式流量表 ● 能指认膜式流量表拆解零件中各构件的名称 ● 能准确读出膜式流量表的读数	4. 燃气流量计的分类 ● 列举各类燃气流量计的名称 ● 概述各种燃气流量计的特点和使用场合 5. 膜式流量表的构造、工作原理 ● 说出膜式流量表的各组成部分的名称 ● 理解主要膜式流量表的工作原理	
2. 燃气智能管网运行调度	1. 启动、停止燃气压缩机 ● 能规范操作燃气压缩机的启动、停机 ● 能读取燃气压缩机进出口的压力表读数 ● 能根据压力读数判断燃气压缩机的工作状况	1. 燃气压缩机的工作原理和特点 ● 解释各种燃气压缩机的工作原理 ● 说出各自的特点和使用场合 2. 燃气压缩机的启停操作步骤 ● 记住燃气压缩机的启动操作步骤 ● 记住燃气压缩机的停止操作步骤	18
	2. 使用信息技术管理燃气输配管网 ● 能模拟使用用气远抄系统、热线中心、办公管理系统 ● 能使用 GIS 系统进行运行调度，模拟故障抢修 ● 能使用 SCADA 系统监测燃气输配系统运行状况，进行用气趋势分析，并生成生产运行报表	3. 燃气输配中应用的信息技术 ● 列举多种应用于燃气输配系统的信息技术类型 4. GIS 系统的操作要求 ● 说出 GIS 系统的组成和作用 ● 记住 GIS 系统的软件界面 5. SCADA 系统的操作要求 ● 说出 SCADA 系统的组成和作用 ● 记住 SCADA 系统的软件界面 6. 燃气智能管网运行调度的操作要求 ● 能使用 GIS 系统进行运行调度，模拟故障抢修 ● 能使用 SCADA 系统监测燃气输配系统运行状况	
3. 燃气智能管网运行维护	1. 运行燃气智能管网 ● 能分析区域内燃气输配系统的分布负荷 ● 能判断区域内燃气输配系统的运行现状	1. 燃气输配系统分布负荷的计算方法 ● 概述燃气输配系统负荷的计算流程 ● 记住燃气输配系统负荷的计算公式 2. 燃气输配系统运行现状的判断方法 ● 运用燃气输配系统的分布负荷判断系统的运行现状	10

（续表）

学习任务	技能与学习要求	知识与学习要求	参考学时
3. 燃气智能管网运行维护	2. 维护燃气智能管网 ● 能分析燃气管网腐蚀的原因 ● 能使用燃气检漏仪检查管网安全状况 ● 能运用各种泄漏修复方法进行管网的修复	3. 钢制燃气管道的防腐方法 ● 概述燃气管网腐蚀的原理 ● 解释钢制管道发生腐蚀的原因 ● 列举钢管的各种防腐方法 ● 解释阴极保护法的原理 4. 燃气管道的检漏 ● 列举燃气管道的各种检漏方法 ● 记住燃气检漏仪的操作方法 5. 燃气管道的泄漏修复 ● 复述各种燃气管道泄漏修复方法的原理 ● 概述各种燃气管道泄漏修复的操作流程	10
	3. 调配管网压力 ● 能配合管道施工，进行压力调配 ● 能在区域供气发生紧急情况时及时采取措施，调整及平衡区域燃气供气压力	6. 管道施工的压力调配 ● 复述停气降压施工的安全措施 ● 列举停气降压施工的注意事项 7. 燃气管道的压力调配 ● 概述常见的几种在区域供气发生紧急情况时的安全措施	
4. 燃气调压器及其附属设施运行维护	1. 使用调压器 ● 能调节城市燃气管网的停气、送气及调压器出口压力 ● 能判读城市燃气管网的调压器上仪表指示的意义及填写运行记录	1. 调压器的构造及工作原理 ● 复述城市燃气管网的调压器构造 ● 概述调压器的工作原理 2. 调压器的种类 ● 列举常见的几种调压器 3. 调压器的使用操作要求 ● 记住调压器停气、送气及调节出口压力的方法 ● 解释调压器上仪表指示的意义 ● 记住调压器运行记录表的填写方法	14
	2. 维护调压器 ● 能判断城市燃气管网调压器的一般故障 ● 能及时排除调压器的一般故障	4. 城市燃气管网调压器的一般故障 ● 说出常见的调压器故障类型 ● 归纳调压器的一般故障的现象 5. 城市燃气管网调压器的故障排除 ● 归纳调压器各种故障对应的排除方法	
	3. 再现燃气调压站的布置 ● 能描绘燃气调压站的主要设施布置和各自的用途 ● 能绘制调压站的平面图、剖面图	6. 燃气调压站的设施 ● 说出燃气调压站的主要设施 ● 描述燃气调压站内各设施的用途 ● 复述调压站平面图、剖面图的绘制要点	

（续表）

学习任务	技能与学习要求	知识与学习要求	参考学时
4. 燃气调压器及其附属设施运行维护	4. 操作调压站内的附属设施 ● 能在区域燃气管网发生故障或紧急情况时及时关启阀门,保证供气平衡和安全用气 ● 能识别补偿器、排水器、放散管等附属设施	7. 阀门的种类和使用场合 ● 列举各种阀门,并了解各自的特点和使用场合 8. 阀门的位置和功能 ● 记住区域内管网阀门的位置和功能 9. 阀门的启闭操作 ● 复述燃气管网发生故障或紧急情况时阀门启闭的操作方法 10. 补偿器、排水器、放散管的功能 ● 说出补偿器、排水器、放散管的功能	14
	5. 维护调压站内的附属设施 ● 能对阀门进行日常维护保养,并保证需要时发挥功能	11. 阀门的日常维护要求 ● 记住阀门的日常维护要求 ● 列举阀门维护的要点	
5. 燃气输配场站设施运行维护	1. 运行输配场站设施设备 ● 能根据相关法律法规及输配场站相关操作规程及实施细则进行输配场站设施设备的运行	1. 输配场站常见的设施设备 ● 概述输配场站常见的设施设备类型 2. 输配场站常见设施设备的运行操作要求 ● 记住常见设施设备的运行操作要求 ● 记住常见设施设备的运行操作流程	10
	2. 维修保养及更换输配场站设施设备 ● 能根据输配场站调压及相关设施维修保养的标准和程序实施输配场站维修保养及更换 ● 能根据输配场站设施设备运行维护相关规范要求,配合相关部门人员定期进行安全检查	3. 输配场站设施设备维修保养及更换的要求 ● 记住输配场站设施设备的维修保养要求 ● 记住输配场站设施设备的更换要求 4. 输配场站设施设备安全检查的注意事项 ● 简述输配场站设施设备安全检查的注意事项	
6. 燃气管网事故应急处置及预防	1. 处理燃气管网事故现场 ● 能识读燃气管网事故应急处置相关法律法规及标准、现场安全控制要求、应急处置预案 ● 能根据应急处置预案及时与相关各方沟通协调 ● 能按照上级指挥或应急预案要求落实各项事故处置措施	1. 燃气管网事故的处理流程 ● 熟悉燃气管网事故应急处置相关法律法规及标准、现场安全控制要求、应急处置预案 ● 了解应急处置时的沟通流程 2. 燃气管网事故的处理措施 ● 简述各项事故的常见处置措施	10

（续表）

学习任务	技能与学习要求	知识与学习要求	参考学时
6. 燃气管网事故应急处置及预防	2. 预防事故发生 ● 能根据燃气事故发生的各项因素进行燃气事故分析 ● 能做好现场安全控制，防止次生事故发生	3. 燃气管网事故的分析 ● 说出燃气管网事故常见的原因 4. 燃气管网事故的预防 ● 复述燃气管网事故的基本控制方法	10
总学时			72

五、实施建议

（一）教材编写或选用建议

1. 应依据本课程标准编写教材或选用教材，从国家和市级教育行政部门发布的教材目录中选用教材，优先选用国家和市级规划教材。

2. 教材要充分体现育人功能，紧密结合教材内容、素材，有机融入课程思政要求，将课程思政内容与专业知识、技能有机统一。

3. 教材编写应树立以学生为中心的教材观，遵循中职生认知特点与学习规律，以学生的思维方式设计教材结构和组织教材内容。

4. 教材编写应以职业能力为逻辑线索，按照职业能力培养由易到难、由简单到复杂、由单一到综合的规律，构建教材内容，确定教材各部分的目标、内容，以及进行相应的任务、活动设计等，从而建立起一个以相关职业能力为线索的结构清晰、层次分明的教材内容体系。

5. 教材在整体设计和内容选取时要注重引入燃气行业企业发展的新业态、新知识、新技术、新工艺、新方法，对接燃气行业相应的职业标准和岗位要求，并吸收先进产业文化和优秀企业文化。创设或引入职业情境，增强教材的职场感。

6. 增强教材对学生的吸引力，教材要贴近学生实际生活、贴近行业企业，用生动活泼的、学生乐于接受的语言、图表等去呈现内容，让学生在使用教材时有亲切感、真实感。

（二）教学实施建议

1. 切实推进课程思政建设，寓价值观引导于知识传授和能力培养之中，帮助学生塑造正确的世界观、人生观、价值观。要深入梳理教学内容，结合课程特点，充分挖掘课程思政元素，有机融入课程教学，达到润物无声的育人效果。

2. 教学要充分体现职业教育"实践导向、任务引领、理实一体、做学合一"的课改理念，紧密联系企业生产生活实际，通过企业典型任务为载体，加强理论教学与实践教学的结合，充分利用各种实训场所与设备,促进教与学方式转变。

3. 坚持以学生为中心的教学理念,充分尊重学生,遵循学生认知特点和学习规律,以学为中心设计和组织教学活动。教师应努力成为学生学习的组织者、指导者和同伴。

4. 改变传统的灌输式教学,充分调动学生学习的积极性、能动性,采取灵活多样的教学方式,积极探索自主学习、合作学习、探究式学习、问题导向式学习、体验式学习、混合式学习等体现教学新理念的教学方式。

5. 有效利用现代信息技术手段,改进教学方法与手段,提升教学效果。

(三) 教学评价建议

1. 采用阶段评价、目标评价、项目评价、理论与实践一体化评价模式。

2. 关注评价的多元性,结合课堂提问、学生作业、平时测验、实验实训及考试等情况,综合评定学生成绩。

3. 应注重对学生的动手能力和在实践中分析问题、解决问题能力的考核。

4. 对在学习和技术应用上有创新的学生应给予特别鼓励,要综合评价学生的能力。

5. 以课程标准为依据,开展基于标准的教学评价。

6. 以评促教,以评促学,通过课堂教学及时评价,不断改进教学方法与手段。

7. 教学评价始终坚持德技并重的原则,构建德技融合的专业课教学评价体系,把思政和职业素养的评价内容与要求细化为具体的评价指标,有机融入专业知识与技能的评价指标体系中,形成可观察可测量的评价量表,综合评价学生学习情况。通过有效评价,在日常教学中不断促进学生良好的思想品德和职业素养的形成。

8. 注重日常教学中对学生学习的评价,充分利用多种过程性评价工具,如评价表、记录袋等,积累过程性评价数据,形成过程性评价与终结性评价相结合的评价模式。

(四) 资源利用建议

1. 注重实训指导手册的开发、应用。

2. 开发适合教师与学生使用的多媒体教学课件。同时,建议加强该课程常用教学资源的开发,建立多媒体教学资源数据库,努力实现学校多媒体教学资源的共享,以提高教学资源利用效率。

3. 积极开发和利用网络课程资源,充分利用诸如电子书籍、电子期刊、数据库、数字图书馆、教育网站和电子论坛等网络信息资源,使教学从单一媒体向多种媒体转变。同时应积极创造条件构建远程教学平台,扩大课程资源的交互空间。

4. 产学合作开发实验实训课程资源,充分利用本行业典型的企业资源,加强产学合作,建立实习实训基地,实践工学交替,满足学生的实习实训需求,同时为学生的就业创造机会。

城市燃气基础课程标准

课程名称

城市燃气基础

适用专业

中等职业学校城市燃气智能输配与应用专业

一、课程性质

本课程是中等职业学校城市燃气智能输配与应用专业一门重要的专业核心课程,是本专业的一门专业必修课程。本课程的功能是使学生了解家用燃气设备、燃气计量表,懂得其结构及工作原理,掌握使用方法,能够检索国家、地方、行业标准规范,能够识别图档、识读规程。本课程是中等职业学校城市燃气智能输配与应用专业课程中的基础理论课程。

二、设计思路

本课程根据城市燃气智能输配与应用相应职业岗位的工作任务与职业能力分析结果,以燃气具安装维修、燃气计量表安装调试、标准检索、图档识别、规程识读等工作领域涉及的相关燃气专业技术规范、技术标准为依据设置。

课程内容的选取紧紧围绕燃气具安装维修、燃气计量表安装调试、标准检索、图档识别、规程识读等工作领域涉及的相关的燃气专业技术规范、技术标准,充分考虑学生通过先前学习已经掌握的知识基础以及生活经验。

课程内容的组织按照职业能力的发展规律和学生的认知规律,以与燃气具安装维修、燃气计量表安装调试、标准检索、图档识别、规程识读密切相关的技术规范、技术标准为主线,根据学科知识自身的组织逻辑进行编排,包括家用燃气热水器、家用燃气灶、燃气计量表、燃气设备、燃气管道、标准检索、图档识别、燃气管网事故应急处置规程识读 8 个学习主题。

本课程建议学时数为 36 学时。

三、课程目标

通过本课程的学习,学生能系统地掌握与燃气具安装维修、燃气计量表安装调试、标准检索、图档识别、规程识读密切相关的燃气专业基本知识,能运用相关技术规范、技术标准对燃气具安装维修、燃气计量表安装调试、标准检索、图档识别、规程识读中出现的常见问题做好相关准备,树立规范意识,提高分析判断能力和学习自主性,并将职业道德、安全意识融入其中,在此基础上形成以下职业素养和职业能力。

(一) 职业素养目标

- 严格遵守实验的操作规范。
- 自觉遵守户内安全用气及检测要求,养成严谨细致的工作习惯。
- 形成服务用户、服务社会的奉献精神。

(二) 职业能力目标

- 能依据家用燃气热水器使用规范,根据家用燃气热水器分类、型号、规格及结构原理,为燃气热水器安装、调试、维修工作做准备。
- 能依据燃气热水器流量公式计算热水器流量。
- 能依据家用燃气灶具使用规范,根据家用燃气灶具分类、型号、规格及结构原理,为燃气灶具安装、调试、维修工作做准备。
- 能依据民用及智能燃气计量表使用手册,根据燃气计量表主要部件的工作原理,为燃气计量表安装、调试工作做准备。
- 能根据燃气管道技术标准分辨硬质燃气管道常规分类、材质。
- 能依据各类燃气器具使用规范指导用户正确使用燃气具,发现并纠正错误。
- 能依据各类燃气器具安装规定设计合理的安装方案。
- 能熟练检索各类国家、行业标准规范。
- 能识别图档中各标识的含义、燃气管网图档及配套电子图档。
- 能识读燃气管网事故应急处置相关法律法规及标准、现场安全控制要求、应急处置预案。

四、课程内容与要求

学习主题	内　　容	学　习　要　求	参考学时
1. 家用燃气热水器	1. 家用燃气热水器的分类、型号、规格及结构	● 能归纳家用燃气热水器的分类、型号、规格 ● 能描述家用燃气热水器的内部结构 ● 能计算燃气热水器流量	6
	2. 家用燃气热水器的工作原理	● 能简述家用燃气热水器的工作原理 ● 能简述燃气热水器的基本功能、产品特点	
	3. 家用燃气热水器的安全使用	● 能简述安全使用家用燃气热水器的意义 ● 能列举安全使用家用燃气热水器的规定 ● 能说明家用燃气热水器的安装规定	

学习主题	内　容	学　习　要　求	参考学时
2. 家用燃气灶	1. 家用燃气灶的分类、型号、规格及结构	● 能归纳家用燃气灶的分类、型号、规格 ● 能简述家用燃气灶的内部结构	6
	2. 家用燃气灶的工作原理	● 能简述家用燃气灶的工作原理 ● 能简述家用燃气灶的基本功能、产品特点	
	3. 家用燃气灶的安全使用	● 能简述安全使用家用燃气灶的意义 ● 能说明安全使用家用燃气灶的规定 ● 能说明家用燃气灶的安装规定	
3. 燃气计量表	1. 燃气计量表的结构及工作原理	● 能简述燃气计量表的主要部件 ● 能简述燃气计量表的工作原理	4
	2. 燃气计量表的安装使用	● 能正确使用燃气计量表 ● 能查阅燃气计量表使用手册 ● 能说明燃气计量表的安装规定	
4. 燃气设备	1. 认识各种燃气设备	● 能归纳不同的燃气设备	4
	2. 燃气设备的功能及使用	● 能简述燃气设备的功能和使用方法 ● 能简述安全使用燃气设备的意义	
5. 燃气管道	1. 燃气管道的分类、材质	● 能归纳燃气管道的分类、材质	4
6. 标准检索	1. 标准编码的含义	● 能说出各级标准编码的含义	4
	2. 标准的检索方法	● 能正确检索标准	
7. 图档识别	1. 图档标识的认知	● 能说出图档中各种标识的含义	4
	2. 燃气管网识图	● 能识别纸质燃气管网图档 ● 能识别电子版燃气管网图档	
8. 燃气管网事故应急处置规程识读	1. 燃气管网事故应急处置相关法律法规	● 能简述燃气管网事故应急处置的相关法律法规	4
	2. 燃气管网事故应急处置现场安全控制要求	● 能简述燃气管网事故应急处置的现场安全控制要求	
	3. 燃气管网事故应急处置预案	● 能简述燃气管网事故应急处置的相关预案	
总学时			36

五、实施建议

（一）教材编写或选用建议

1. 应依据本课程标准编写教材或选用教材,从国家和市级教育行政部门发布的教材目录中选用教材,优先选用国家和市级规划教材。

2. 教材应充分体现职业活动教学、实践导向的课程设计思想。

3. 教材要求体系完整、内容充实、概念准确、论述清晰、文字简练,职业活动的选取适合中等职业学校学生的学习需求。

4. 本课程理论知识与社会经济活动实践联系密切,知识更新快、变动大,要求教学过程中及时把握燃气行业的最新动态。

（二）教学实施建议

1. 切实推进课程思政建设,寓价值观引导于知识传授和能力培养之中,帮助学生塑造正确的世界观、人生观、价值观。要深入梳理教学内容,结合课程特点,充分挖掘课程思政元素,有机融入课程教学,达到润物无声的育人效果。

2. 教学要充分体现职业教育"实践导向、任务引领、理实一体、做学合一"的课改理念,紧密联系企业生产生活实际,通过企业典型任务为载体,加强理论教学与实践教学的结合,充分利用各种实训场所与设备,促进教与学方式转变。

3. 坚持以学生为中心的教学理念,充分尊重学生,遵循学生认知特点和学习规律,以学为中心设计和组织教学活动。教师应努力成为学生学习的组织者、指导者和同伴。

4. 改变传统的灌输式教学,充分调动学生学习的积极性、能动性,采取灵活多样的教学方式,积极探索自主学习、合作学习、探究式学习、问题导向式学习、体验式学习、混合式学习等体现教学新理念的教学方式。

5. 有效利用现代信息技术手段,改进教学方法与手段,提升教学效果。

（三）教学评价建议

1. 应以本课程标准为依据开展学生学业评价。

2. 对学生的评价应采取多元评价,注重过程考核,重点考核燃气相关技术规范在实际情况下的应用以及方案的制定。

3. 采用形成性评价与总结性评价相结合的方式,注重课堂的参与度、平时课业、实践成果等学习过程的考核。注重平时成绩,设计课堂教学评价表,对学习过程中的小组讨论、课业、方案设计进行及时评分。

（四）资源利用建议

1. 本课程可配套电子课件、视频、习题库、试题库等教学资源,开发适合教学使用的多媒体教学资源库和多媒体教学课件、微课程、示范操作视频等。

2. 要充分利用网络资源,搭建网络课程平台,开发网络课程,实现优质教学资源共享。

3. 积极利用数字图书馆、电子期刊、电子书籍,使教学内容多元化,以此拓展学生的知识和能力。

4. 建议收集燃气企业岗位中的日常工作内容和典型案例,组织力量集中开发课程案例。

电工电子基础课程标准

▌课程名称

电工电子基础

▌适用专业

中等职业学校城市燃气智能输配与应用专业

一、课程性质

本课程是城市燃气智能输配与应用专业的一门专业基础课程,也是一门专业必修课程,具有较强的实践性和操作性。课程内容紧紧围绕电工与电子的基础理论、基本知识和基本技能,通过理实一体化的教学使学生掌握一定的电气安全知识、电气操作技能,为后续学习燃气工程施工专业课打下电工与电子方面的基础。

二、设计思路

本课程的总体设计思路是遵循任务引领、理实一体的原则,以必备的相关基础知识和电工电子技术在工业中的应用为依据设置本课程。

本课程内容的选取围绕燃气专业电工电子所需的职业能力培养的需要,同时充分考虑本专业学生对相关理论知识的需要,并融入电工(五级)职业资格的相关要求。

课程内容组织遵循学生的认知发展规律,以电工电子在实际应用中的任务以及操作能力由易到难为主线,设计有安全用电与触电急救,常用电工元器件识别与常用电工测量仪表使用,导线连接,直流电路连接与测试,单相正弦交流电测量,正弦交流电路装接调试,三相正弦交流电路装接调试,二极管整流、滤波、稳压电路连接与调试,三极管放大电路连接与调试,集成运放电路连接与调试,RC 振荡电路连接与调试,基本门电路连接与调试,组合逻辑电路连接与调试 13 个学习任务,以任务为引领,紧密结合电工(五级)职业技能的考核要求,通过工作任务整合相关知识、技能与职业素养。

本课程建议学时数为 144 学时,分两个学期完成。

三、课程目标

通过本课程的学习,学生能掌握电工电子技术方面的基本理论知识,能使用常用电工仪器仪表与电工工具,能学会电工电子技术的识图、安装、调试电路的技能,能分析电路的工作原理、现象以及故障原因和排除等,完成本专业相关岗位的工作任务,达到电工(五级)职业技能考核的相关要求,具体达成以下职业素养和职业能力目标。

(一)职业素养目标

- 严格遵守电工电子行业操作规范,规范穿戴。
- 注重仪器仪表的使用规范以及安全规程,养成严谨细致的工作习惯。
- 坚持对电路故障的排除,电路的连接、调试的实训,能够完成处理问题的流程。

(二)职业能力目标

- 能熟练进行触电急救。
- 能规范使用电工电子所有的测量仪器与仪表。
- 能识别与测试常用电工元器件。
- 能按要求规范安装电工电子线路。
- 能按要求熟练完成电路的连接、调试工作。
- 能按要求熟练非正常电路的故障排查。
- 能按要求熟练读出仪器仪表显示内容的含义。

四、课程内容与要求

学习任务	技能与学习要求	知识与学习要求	参考学时
1. 安全用电与触电急救	1. 防雷与防静电 ● 能识别常用的防雷装置 ● 能进行人身防雷措施,会通过接地、增湿、抗静电添加剂、静电中和器等措施进行防静电 2. 安全用电基本操作 ● 能使用不同种类电气安全用具 ● 能正确识别安全标志 ● 能判别不同种类电气事故 ● 能对电气设备进行接地与接零 ● 能进行电气防雷、电气防火、电气防爆处理 3. 触电现场处理 ● 能进行脱离电源操作 ● 能进行心肺复苏	1. 雷电与静电的危害 ● 说出雷电的种类及危害 ● 记住常用的几种防雷装置 ● 说出静电产生的原因及危害 2. 安全用电基本要求 ● 记住国内外安全电压数值 ● 记住不同种类的安全用具的使用方法和安全标志 ● 记住不同种类电气事故特性 ● 记住电气设备的接地与接零方法 ● 说出电气防雷、电气防火、电气防爆的方法 3. 触电的危害与原因 ● 说出电流对人体的伤害 ● 记住安全电压和安全电流数值 ● 说出触电的原因	3

（续表）

学习任务	技能与学习要求	知识与学习要求	参考学时
2. 常用电工元器件识别与常用电工测量仪表使用	1. 电路及基本元件的认知与测量 ● 能搭建简单电路 ● 能识别电路基本元器件 ● 能使用色环表示法读出电阻器标称值 ● 能识读出电容器的标识 2. 电工仪表的识别 ● 能识别电工仪表的常用符号 3. 基本电参数的测量 ● 能使用电流表测量电流 ● 能使用钳形电流表测量电流 ● 能使用电压表测量电压 ● 能使用万用表测量电阻、电压、电流 ● 能使用兆欧表测量电阻	1. 电路的构成 ● 说出电路的基本组成部分 ● 记住电路图的画法 ● 记住电路的工作状态：有载工作、开路与短路 2. 电路的基本物理量 ● 简述电流的概念、大小、方向 ● 简述电压与电动势的概念、大小、方向 ● 简述电功率与电能的概念、大小 3. 电阻、电容、电感的特性 ● 简述电阻的分类、主要参数、特性 ● 简述电容的分类、主要参数、特性 ● 简述电感的分类、主要参数、特性 4. 常用电工仪表 ● 说出电工仪表的种类 ● 记住常用电工仪表的结构和工作原理 ● 记住电流表、钳形电流表、电压表、万用表、兆欧表的使用方法	6
3. 导线连接	1. 导线的制作流程和连接 ● 能使用剥线器、电工刀、压线钳、老虎钳等专用工具对多种粗细不同的导线进行剥线与连接 ● 能在印刷电路板上进行焊接镀锡铜线 ● 能进行电路图识读，在印刷线路板上装接元器件 ● 能使用电烙铁进行元器件的焊接 ● 能使用电烙铁、吸焊器等工具进行拆焊	1. 制作导线的方法和工具 ● 说出通用工具（验电器、钢丝钳、尖嘴钳、剥线钳、螺钉旋具、活扳手、斜口钳和电工刀）的使用方法 ● 说出线路安装工具（錾、手电钻、冲击钻、管子钳、脚扣和安全带）的使用方法 ● 说出电烙铁、吸锡器的使用方法 2. 导线的种类与结构 ● 说出电工常用导线（电磁线、电力线）的种类、结构	2
4. 直流电路连接与测试	1. 串联、并联和混联电路的连接与测量 ● 能识读简单的串联、并联和混联电路图 ● 能规范、熟练地连接电路 ● 能规范使用电压表、电流表和万用表，合理选择量程并准确读数	1. 电路的组成及其工作状态 ● 复述电路的组成以及工作状态 2. 电路的基本物理量 ● 解释电路的几种基本物理量，以及测量的工具和方法 3. 串联电路的定义、特点 ● 解释串联电路的定义 ● 解释串联电路总电阻、分压之间的关系	18

(续表)

学习任务	技能与学习要求	知识与学习要求	参考学时
4. 直流电路连接与测试	● 能根据测量数据,判断串联、并联和混联电路的特点 2. 直流电压源的使用 ● 能规范调节直流稳压电源 ● 能规范测量电源端电压 3. 多电源电路的连接与测量 ● 能规范连接多电源的负载电路 ● 能规范测量各负载电压和支路电流 ● 能正确描述所测量数据 4. 基尔霍夫定律的简单运用 ● 能按照电路图连接电路 ● 能熟练使用万用表、直流电压表、电流表测量电参量 ● 能通过电路的测量验证电路中任意一个节点上,流入节点的电流之和等于流出该节点的电流之和的规律 ● 能通过电路的测量验证电路中任意一回路,沿回路绕行方向的各段电压的代数和为零的规律 5. 叠加定理的简单运用 ● 能按照电路图连接电路 ● 能熟练使用万用表、直流电压表、电流表测量电参量 ● 能通过电路的测量验证线性电路中,任一之路的电流(或电压)可以看成是电路中每一个独立电源单独作用于电路时,在该支路产生的电流(或电压)的代数和的规律	4. 并联电路的定义、特点 ● 解释并联电路的定义 ● 解释并联电路总电阻、分流之间的关系 5. 混联电路的定义、特点 ● 解释混联电路的定义 ● 解释混联电路计算等效电阻的方法、步骤 6. 欧姆定律 ● 复述部分电路欧姆定律和全电路欧姆定律 ● 解释部分电路欧姆定律和全电路欧姆定律的区别,以及各物理量的含义 7. 基尔霍夫第一定律 ● 解释复杂电路中回路、网孔、节点和支路的概念 ● 复述基尔霍夫第一定律的内容 8. 基尔霍夫第二定律 ● 复述基尔霍夫第二定律的内容 ● 区别基尔霍夫第一定律和第二定律的内容 9. 叠加定理 ● 复述叠加定理的内容及其意义 ● 解释说明支路电流法的方法和步骤	18
5. 单相正弦交流电测量	1. 正弦交流电信号的观察与测量 ● 能使用函数信号发生器输出正弦交流信号 ● 能使用交流毫伏表测量正弦交流电压有效值 ● 能使用示波器观察与测量正弦交流电	1. 单相正弦交流电的产生 ● 复述单相正弦交流电的产生 2. 单相正弦交流电的三要素 ● 解释单相正弦交流电的三要素,列举各物理量的关系 3. 单相正弦交流电的表达方式 ● 写出单相正弦交流电的几种表达方式 ● 说出单相正弦交流电各物理量的含义	14

（续表）

学习任务	技能与学习要求	知识与学习要求	参考学时
6. 正弦交流电路装接调试	1. 单相正弦交流电纯电阻、纯电感、纯电容电路的测量 ● 能按照电路图连接电路 ● 能熟练使用函数信号发生器、交流毫伏表、双踪示波器测试电压与电流波形，并记录相关参数 2. 日光灯电路的连接与测量 ● 能按照电路图连接日光灯电路 ● 能使用交流电压表、交流电流表测量电压、电流数值 ● 能熟练使用功率表测量功率 3. 日光灯工作状态值的测试 ● 能规范测量日光灯正常发光状态下的工作状态值 ● 能选择合适电容，提高电路功率因数	1. 纯电阻电路中电压、电流以及功率之间的关系 ● 解释纯电阻电路中电压、电流的有效值关系 ● 解释纯电阻电路中电压、电流的相位关系 ● 解释纯电阻电路中负载消耗的功率，并会运用到实际电路中 2. 纯电容电路中电压、电流以及功率之间的关系 ● 解释纯电容电路中电压、电流的有效值关系 ● 解释纯电容电路中电压、电流的相位关系 ● 解释纯电容电路中负载消耗的功率，并会运用到实际电路中 3. 纯电感电路中电压、电流以及功率之间的关系 ● 解释纯电感电路中电压、电流的有效值关系 ● 解释纯电感电路中电压、电流的相位关系 ● 解释纯电感电路中负载消耗的功率，并会运用到实际电路中 4. 日光灯电路的组成和工作原理 ● 概述日光灯电路的构成及其主要部件的名称 ● 解释日光灯电路的工作原理 5. 功率表的结构及使用 ● 复述功率表各端子的含义以及使用方法	23
7. 三相正弦交流电路装接调试	1. 三相正弦交流电路的连接 ● 能识读三相交流电电路图 ● 能规范连接三相正弦交流电电路 2. 三相正弦交流电路的相电压、线电压、相电流和线电流的测量 ● 能规范使用交流电压表、交流电流表 ● 能规范测量相电压、线电压、相电流和线电流	1. 三相交流电的产生 ● 解释三相交流电的产生 2. 三相交流电源绕组、负载的连接方式 ● 列举三相交流电源绕组、负载的几种连接方式 3. 对称三相电路的特点以及电压、电流和功率的关系 ● 解释对称三相电路的特点以及电压、电流和功率的关系 4. 三相交流电中性线的作用 ● 解释三相交流电中性线的作用 ● 举例说明无中性线的故障或危害	14

(续表)

学习任务	技能与学习要求	知识与学习要求	参考学时
8. 二极管整流、滤波、稳压电路连接与调试	1. 二极管识别 ● 能规范书写半导体二极管的符号 ● 能规范使用万用表判别半导体二极管的正负极、材料与好坏 2. 单相半波与桥式整流、滤波、稳压电路连接与测试 ● 能识读整流电路原理图 ● 能规范连接电路图 ● 能规范使用万用表、示波器，正确测量整流、滤波、稳压电路的各参量	1. 二极管的图形、文字、符号及其作用 ● 列举一些常见的二极管，并解释其图形、文字、符号的含义 ● 复述二极管的单向导电性 2. 单相半波与桥式整流、滤波、稳压电路的组成以及作用 ● 复述单相半波与桥式整流、滤波、稳压电路的组成 ● 解释整流电路中各元器件的作用 3. 整流、滤波电路的工作原理 ● 复述整流、滤波电路的工作原理 ● 解释整流、滤波电路中各元器件的作用 4. 整流、滤波、稳压电路的工作原理 ● 复述整流、滤波、稳压电路的工作原理 ● 解释整流、滤波、稳压电路中各元器件的作用	12
9. 三极管放大电路连接与调试	1. 三极管认识及判别 ● 能规范书写三极管的符号 ● 能规范使用万用表判别三极管的管脚、材料与质量好坏 2. 单管共射放大电路、分压偏置放大电路的连接与调试 ● 能识读单管共射放大电路、分压偏置放大电路的图纸 ● 能规范连接单管共射放大电路、分压偏置放大电路电路图 ● 能规范正确使用万用表、示波器、晶体毫伏表等相关检测仪表 ● 能检测和判断单管共射放大电路、分压偏置放大电路的常见故障，并能采用正确方法排除故障	1. 三极管的外形、引出端、型号、性能及使用 ● 复述判别三极管管脚的步骤及依据，不同型号三极管的含义 ● 解释三极管的作用和伏安特性 2. 单管共射放大电路的静态 ● 复述单管共射放大电路静态的组成及其工作原理 3. 单管共射放大电路的动态 ● 复述单管共射放大电路动态的组成及其工作原理 4. 分压偏置放大电路 ● 复述分压偏置放大电路的工作原理 ● 列举分压偏置放大电路的优点和原因	14
10. 集成运放电路连接与调试	1. 集成运放的使用和检验 ● 能识别集成运放的各管脚 ● 能规范使用万用表粗测集成运放的质量 2. 典型集成运放电路连接与调试 ● 能识读集成运放电路图 ● 能规范连接集成运放电路图	1. 集成运放的认知 ● 认识多种外形的集成运放，复述各引出端的含义 ● 解释 LM358 的电压传输特性 2. 集成运放的放大电路以及应用 ● 复述集成运放的放大电路的组成及工作原理	8

（续表）

学习任务	技能与学习要求	知识与学习要求	参考学时
10. 集成运放电路连接与调试	● 能正确调试集成运放的放大波形 ● 能根据示波器显示的波形读出放大倍数	● 复述加减法运算电路的组成及其工作原理 ● 复述电压比较器电路的组成及其工作原理 3. 低频功率放大器 ● 列举低频功率放大器的应用	8
11. RC振荡电路连接与调试	1. RC集成电路的连接与调试 ● 能识读集成运放电路图 ● 能规范连接RC振荡电路图 ● 能规范使用万用表、示波器正确调试电路 ● 能根据示波器显示的波形读出自激振荡频率	1. RC振荡电路的组成及其元器件的作用 ● 列举RC振荡电路的组成,理解各元器件的作用 2. RC振荡电路的工作原理 ● 复述RC振荡电路的工作原理 ● 解释电路参数,计算RC振荡电路的自激频率	6
12. 基本门电路连接与调试	1. 基本门电路的识别和连接及功能测试 ● 能识别与门、非门、或门电路的引出端和序号 ● 能规范使用开关电平、显示电平控制输入和输出量 ● 能根据测试的结果,总结出与门、非门、或门电路的功能	1. 脉冲与数字信号 ● 概述脉冲信号和数字信号 2. 数制与码制 ● 解释几种常用数制间的转换 ● 列举几种常用的码制 3. 基本逻辑关系和与门电路 ● 复述基本逻辑关系和与门电路的功能 4. 基本逻辑关系和或门电路 ● 复述基本逻辑关系和或门电路的功能 5. 基本逻辑关系和非门电路 ● 复述基本逻辑关系和非门电路的功能 6. 复合门电路和集成门电路 ● 列举几种常用的复合门电路及其功能 ● 解释集成门电路的使用注意事项	12
13. 组合逻辑电路连接与调试	1. 编码器功能测试 ● 能识别编码器的引出端和序号 ● 能规范连接组合逻辑电路 ● 能规范测试编码器的功能,如不允许编码、优先编码等 2. 译码器功能测试 ● 能识别译码器的引出端和序号 ● 能规范连接组合逻辑电路 ● 能规范测试译码器的功能,如试灯、消隐等	1. 组合逻辑电路的基本知识 ● 列举组合逻辑电路的分析步骤 ● 复述组合逻辑电路的构成 2. 编码器 ● 解释编码器的应用 3. 译码器 ● 解释译码器的应用	12
总学时			144

五、实施建议

（一）教材编写或选用建议

1. 应依据本课程标准编写教材或选用教材，从国家和市级教育行政部门发布的教材目录中选用教材，优先选用国家和市级规划教材。

2. 教材要充分体现育人功能，紧密结合教材内容、素材，有机融入课程思政要求，将课程思政内容与专业知识、技能有机统一。

3. 教材编写应树立以学生为中心的教材观，遵循中职生认知特点与学习规律，以学生的思维方式设计教材结构和组织教材内容。

4. 对于此类技能操作性强的课程，教材编写应以职业能力为逻辑线索，按照职业能力培养由易到难、由简单到复杂、由单一到综合的规律，构建教材内容，确定教材各部分的目标、内容，以及进行相应的任务、活动设计等，从而建立起一个以相关职业能力为线索的结构清晰、层次分明的教材内容体系。

5. 教材在整体设计和内容选取时要注重引入行业发展的新业态、新知识、新技术、新工艺、新方法，对接相应的职业标准和岗位要求，并吸收先进产业文化和优秀企业文化。创设或引入职业情境，增强教材的职场感。

6. 增强教材对学生的吸引力，教材要贴近学生生活、贴近职场，采用生动活泼的、学生乐于接受的语言、图表等去呈现内容，让学生在使用教材时有亲切感、真实感。

（二）教学实施建议

1. 切实推进课程思政建设，寓价值观引导于知识传授和能力培养之中，帮助学生塑造正确的世界观、人生观、价值观。要深入梳理教学内容，结合课程特点，充分挖掘课程思政元素，有机融入课程教学，达到润物无声的育人效果。

2. 教学要充分体现职业教育"实践导向、任务引领、理实一体、做学合一"的课改理念，紧密联系企业生产生活实际，通过企业典型任务为载体，加强理论教学与实践教学的结合，充分利用各种实训场所与设备，促进教与学方式转变。

3. 坚持以学生为中心的教学理念，充分尊重学生，遵循学生认知特点和学习规律，以学为中心设计和组织教学活动。教师应努力成为学生学习的组织者、指导者和同伴。

4. 改变传统的灌输式教学，充分调动学生学习的积极性、能动性，采取灵活多样的教学方式，积极探索自主学习、合作学习、探究式学习、问题导向式学习、体验式学习、混合式学习等体现教学新理念的教学方式。

5. 有效利用现代信息技术手段，改进教学方法与手段，提升教学效果。

（三）教学评价建议

1. 以课程标准为依据,开展基于标准的教学评价。

2. 以评促教,以评促学,通过课堂教学及时评价,不断改进教学方法与手段。

3. 教学评价始终坚持德技并重的原则,构建德技融合的专业课教学评价体系,把思政和职业素养的评价内容与要求细化为具体的评价指标,有机融入专业知识与技能的评价指标体系中,形成可观察可测量的评价量表,综合评价学生学习情况。通过有效评价,在日常教学中不断促进学生良好的思想品德和职业素养的形成。

4. 注重日常教学中对学生学习的评价,充分利用多种过程性评价工具,如评价表、记录袋等,积累过程性评价数据,形成过程性评价与终结性评价相结合的评价模式。

（四）资源利用建议

1. 注重实训指导手册的开发、应用。

2. 开发适合教师与学生使用的多媒体教学课件。同时,建议加强该课程常用教学资源的开发,建立多媒体教学资源数据库,努力实现学校多媒体教学资源的共享,以提高教学资源利用效率。

3. 积极开发和利用网络课程资源,充分利用诸如电子书籍、电子期刊、数据库、数字图书馆、教育网站和电子论坛等网络信息资源,使教学从单一媒体向多种媒体转变。同时应积极创造条件构建远程教学平台,扩大课程资源的交互空间。

4. 本课程是理论与实践一体化课程,教学的组织实施宜在实训基地进行。实训基地应根据专业标准,配备完善的专业实训仪器、仪表及安全防护设施、设备;注重实训指导资料、多媒体课件、仿真软件等教学资源的开发和利用。

燃气管道工程制图与识图课程标准

▌课程名称

燃气管道工程制图与识图

▌适用专业

中等职业学校城市燃气智能输配与应用专业

一、课程性质

本课程是中等职业学校城市燃气智能输配与应用专业一门重要的专业基础课程,是本专业的一门专业必修课程。本课程的功能是使学生掌握燃气管道工程的技术理论知识,初步具备能看懂简单燃气管段的施工图纸,进行燃气管道绘制的基本能力。本课程是为学习燃气管道工程 CAD、燃气工程施工等专业课程而开设的一门准备课程。

二、设计思路

本课程根据城市燃气智能输配与应用专业相应职业岗位的工作任务与职业能力分析结果,以燃气管道工程 CAD 绘图、燃气具安装与维修、燃气工程施工等工作领域涉及的国家标准、行业标准相关的职业能力为依据设置。

课程内容的选取紧紧围绕燃气管道工程 CAD 绘图、燃气具安装与维修、燃气工程施工等工作领域涉及的国家职业技能标准、行业标准相关的职业能力要求,充分考虑学生已经掌握的专业认知基础。

本课程的具体设计是以燃气管道工程识图循序渐进的学习过程为线索,主要内容为识读及绘制标准工程图、识读及绘制管配件放样图、识读及绘制燃气管道工程施工图 3 个学习任务,以学习任务为线索构建任务引领型课程。

本课程建议学时数为 108 学时。

三、课程目标

通过本课程的学习,学生熟悉管道工程图的基本要求,掌握管道工程图绘制的方法,达到管道工国家职业资格的相关要求,同时培养学生科学、严谨、善于沟通和合作的品质,并在此基础上达成以下职业素养和职业能力目标。

(一) 职业素养目标

● 理解燃气管道工程施工图和工程竣工图的图纸标准。

● 培养绘制和识读燃气管道工程施工图的制图职业素质,提高职业就业能力。

(二) 职业能力目标

● 能正确地使用绘图工具和仪器绘制图纸。

● 能徒手绘制图纸。

● 能识读管道轴测图,进行管道的测绘。

● 能识读简单管道的施工图纸。

● 能识读及绘制管配件放样图。

● 能识读及绘制燃气管道工程施工图。

● 能查阅相应标准和技术资料。

四、课程内容与要求

学习任务	技能与学习要求	知识与学习要求	参考学时
1. 识读及绘制标准工程图	1. 识读及绘制标准工程图 ● 能熟练利用绘图笔、绘图尺、绘图圆规等绘图工具规范绘制图形书写工程字 ● 能按要求熟练标注尺寸 ● 能熟练绘制各类线条 ● 能识读并选择合适的图幅,绘制标准图框,填写标题栏	1. 标准工程图的组成 ● 能归纳标准工程图的组成 2. 绘图工具的使用方法和技巧 ● 能使用绘图工具并掌握方法和技巧 3. 标准工程图各项组成的规定 ● 能说明国标中关于"图幅、图框、图栏、图号"的规定 ● 能说明国标中关于"字体、字号、工程标注"的规定 ● 能说明国标中关于"线型、线宽"的规定	62
	2. 识读及绘制基本图形元素三面投影图 ● 能识读并在图纸上绘制空间中任意位置点的正面、水平、侧面三面投影图 ● 能在图纸上绘制空间中任意位置一条或多条直线的正面、水平、侧面三面投影图 ● 能在图纸上绘制空间中任意位置平面的正面、水平、侧面三面投影图	4. 投影形成的原理 ● 能准确描述投影的形成原理 ● 能概述点、线、面的三面投影形成原理 5. 基本图形元素三面投影图的绘制方法 ● 能准确描述点、线、面的三面投影及绘制方法	

学习任务	技能与学习要求	知识与学习要求	参考学时
1. 识读及绘制标准工程图	3. 识读及绘制几何形体三面投影图 ● 能识读并利用绘图工具在标准绘图纸上绘制基本几何体的三面投影图 ● 能识读并利用绘图工具在标准绘图纸上绘制几何组合体的三面投影图	6. 几何形体三面投影的绘制方法 ● 能准确描述基本几何体的三面投影规律及绘制方法 ● 能准确描述几何组合体的三面投影特点及绘制方法	62
	4. 识读及绘制管道系统单双线图 ● 能识读及绘制管道系统中管子、管件和附件的单双线图 ● 能根据国家制图标准正确识读及绘制管子的积聚、重叠和交叉	7. 管道单双线图的绘制方法 ● 能准确描述管子及管件的单双线图的形成过程、投影规律及方位关系 ● 能准确描述国家制图标准中关于管道系统单双线图的规定	
	5. 识读及绘制管道系统轴测投影图 ● 能识读及绘制基本几何形体的轴测投影图 ● 能根据轴测投影的绘制方法正确识读及绘制管道系统正面斜等轴测投影图	8. 管道系统轴测投影的绘制方法 ● 能准确描述轴测投影的形成原理 ● 能归纳轴测投影的分类及性质 ● 能准确说明管道系统正面斜等轴测投影图的特点及绘制方法	
	6. 识读及绘制管道系统剖面图 ● 能识读及绘制管道系统剖面图，再现管道剖面图的各要素 ● 能结合现场工程实例识读并绘制管道系统剖面图	9. 管道剖面图的形成、分类 ● 能准确描述管道剖面图的形成、分类 ● 能准确描述国家制图标准中关于管道剖面图各要素的规定 10. 管道剖面图的绘制方法 ● 能归纳管道剖面图的绘制方法	
	7. 识读及绘制管道系统断面图 ● 能正确识读及绘制管道系统断面图	11. 管道断面图的形成、分类 ● 能准确描述管道断面图的形成、分类 ● 能列举国家制图标准中关于管道断面图的规定 12. 管道断面图的绘制方法 ● 说明管道断面图的绘制方法 ● 能结合现场工程实例例证管道断面图在工程中的应用	

（续表）

学习任务	技能与学习要求	知识与学习要求	参考学时
2. 识读及绘制管配件放样图	1. 识读及绘制管配件的展开图 ● 能按照管配件的特性，采用平行线法正确识读及绘制矩形、圆形弯头的展开图 ● 能按照管配件的特性，采用平行线法正确识读及绘制圆形三通管的展开图 2. 制作模型 ● 能根据管配件放样图经裁剪制作管件模型	1. 管配件展开图原理 ● 能准确描述绘制矩形、圆形弯头展开图的方法 ● 能准确说明绘制圆形三通管展开图的方法	12
3. 识读及绘制燃气管道工程施工图	1. 绘制室内燃气管道施工系统图 ● 能根据设计草图确定燃气管道所用管材、管径等信息，判断燃气管道的布置路线 ● 能识读并绘制室内燃气管道施工系统图，说出燃气管道与室内建筑的相对位置关系 ● 能绘制施工图上的图例符号编制室内燃气管道施工图施工说明、填写图纸标题栏	1. 室内燃气管道的组成 ● 能列举室内燃气管道系统的组成及功能 ● 能列举室内燃气管道的常用管材 ● 能列举国家制图标准中对室内燃气管道排管的要求 2. 室内燃气管道施工系统图的图例 ● 能辨认燃气管道系统中管件、阀门、管架等图例	34
	2. 识读及绘制道路燃气管道施工平面图 ● 能根据设计草图确定道路燃气管道所用管材、管径等信息，判断燃气管道的布置路线 ● 能识读及绘制道路燃气管道施工图 ● 能绘制施工图上的图例符号 ● 能编制道路燃气管道施工图施工说明、填写图纸标题栏	3. 道路燃气管道的组成 ● 能列举出道路燃气管道系统的各组成及功能 ● 能列举国家制图标准中对道路燃气管道的要求 4. 道路燃气管道施工平面图的识读方法 ● 记住道路燃气管道施工平面图的识读方法 ● 能辨认道路燃气管道施工平面图中管件、阀门、管架等图例	
	3. 识读及绘制道路燃气管道施工纵断面图 ● 能识读燃气管道施工纵断面图 ● 能根据设计草图正确绘制道路燃气管道施工纵断面图	5. 道路燃气管道施工纵断面图的组成 ● 能归纳道路燃气管道施工纵断面图的各组成要素 ● 能列举国家制图标准中对道路燃气管道施工纵断面图中各组成要素的要求 6. 道路燃气管道施工纵断面图的识读方法 ● 记住道路燃气管道施工纵断面图的识读方法 ● 能辨认道路燃气管道施工纵断面图中的各种图例	

（续表）

学习任务	技能与学习要求	知识与学习要求	参考学时
3. 识读及绘制燃气管道工程施工图	4. 识读及绘制道路燃气管道施工横断面图 ● 能识读燃气管道施工横断面图 ● 能根据设计草图正确绘制道路燃气管道施工横断面图	7. 道路燃气管道施工横断面图的组成 ● 归纳道路燃气管道施工横断面图的各组成要素 ● 列举国家制图标准中对道路燃气管道施工横断面图中各组成要素的要求 8. 道路燃气管道施工横断面图的识读方法 ● 记住道路燃气管道施工横断面图的识读方法 ● 辨认道路燃气管道施工横断面图中各图例	34
总学时			108

五、实施建议

（一）教材编写或选用建议

1. 应依据本课程标准编写教材或选用教材，从国家和市级教育行政部门发布的教材目录中选用教材，优先选用国家和市级规划教材。

2. 教材应将本专业职业活动分解成若干典型的工作项目，以任务引领型工作项目为载体，强调理论与实践相结合，按项目活动组织编写内容。项目活动应具有较强的可操作性、实用性，加强学生实际动手能力的培养。

3. 教材应图文并茂，循序渐进，讲解清楚，以提高学生的学习兴趣，加深学生对管道工程制图及其应用的认识。教材应充分体现工程图实际应用的内容。

4. 教材内容应体现先进性、通用性、实用性，要在本标准的基础上有所拓展，将燃气管道制图、施工的新技术、新成果及时纳入教材，使教材更贴近本专业的发展和实际需要。

5. 在教材编写中要突出培养学生正确、科学的思维方法，以适应工程图应用发展的需要。

6. 教材中专业技术名称的专用英文名词应提供中文注释。

（二）教学实施建议

1. 全面推进课程思政建设，寓价值观引导于知识传授和能力培养之中，帮助学生塑造正确的世界观、人生观、价值观。要深入梳理教学内容，结合课程特点，充分挖掘课程思政元素，有机融入课程教学，达到润物无声的育人效果。

2. 在教学过程中，应立足于加强学生实际操作能力的培养，采用项目教学，以工作任务为引领,提高学生学习兴趣,激发学生的成就感。

3. 在教学过程中,应充分利用工程图的应用实例,理论结合实践,加深学生的感性认识,提高学生的岗位适应能力。

4. 在教学过程中,要运用多媒体教学资源辅助教学,帮助学生理解工程图的相关知识。

5. 在教学过程中,运用思考、实践、讨论、交流、评价等多种形式,提高学生独立操作和解决问题的能力,努力培养学生的创新精神。

(三) 教学评价建议

1. 应以本课程标准为依据开展学生学业评价。

2. 改革传统的学生评价手段和方法,采用阶段评价、目标评价、项目评价、理论与实践一体化评价模式。

3. 关注评价的多元性,结合课堂提问、学生作业、平时测验、实验实训、技能竞赛及考试等情况,综合评定学生成绩。

4. 应注重对学生的动手能力和在实践中分析问题、解决问题能力的考核,对在学习和技术应用上有创新的学生应给予特别鼓励,要综合评价学生的能力。

(四) 资源利用建议

1. 开发适合教师与学生使用的工程图多媒体教学课件。同时,建议加强该课程常用教学资源的开发,建立多媒体教学资源数据库,努力实现学校多媒体教学资源的共享,以提高教学资源利用效率。

2. 积极开发和利用网络课程资源,充分利用诸如电子书籍、电子期刊、数据库、数字图书馆、教育网站和电子论坛等网络信息资源,使教学从单一媒体向多种媒体转变。同时应积极创造条件构建远程教学平台,扩大课程资源的交互空间。

3. 产学合作开发实验实训课程资源,充分利用本行业典型的企业资源,加强产学合作,建立实习实训基地,满足学生的实习、实训需求,同时为学生的就业创造机会。

4. 建议设立本课程实训室,使之具备现场教学、实验实训的功能,实现教学与实训合一,满足学生综合职业能力培养的要求。

燃气管道工程 CAD 课程标准

▍课程名称

燃气管道工程 CAD

▍适用专业

中等职业学校城市燃气智能输配与应用专业

一、课程性质

燃气管道工程 CAD 是城市燃气智能输配与应用专业的一门专业课程。其功能是使学生能灵活运用 CAD 基础知识,能绘制与编辑简单图形,能进行建筑平面图、立面图及管道施工图的绘制,能完成图形打印与输出,达到计算机辅助设计绘图员的职业技能标准。它是燃气管道工程识图的后续课程,并为燃气工程施工、安装工程计量与计价等专业课的学习打下基础。

二、设计思路

本课程属于实践课程类型,课程设计以技术理论和技术应用为主线,实现知识传授与技能培养并重,体现知识、能力、素质培养"三合一"特征。课程内容突出对学生掌握软件的训练,同时又充分考虑了职业教育对理论知识学习的需要,融合了相关职业资格证书对知识、技能和态度的要求。

课程内容的选取紧紧围绕 CAD 软件应用相关职业能力的培养,同时又充分考虑中职生对相关理论知识的需要,并融入管道工、计算机辅助设计绘图员技能证书的相关要求。

本课程的具体设计以图形绘制为线索,共包括建筑平面图绘制、建筑立面图绘制、管道工程施工图绘制、图形显示与打印 4 个学习任务。教学过程中,要通过校企合作,引进企业实际项目,采取分析企业项目、分析设计自选项目等形式,给学生提供丰富的学习与实践机会。

本课程建议学时数为 72 学时。

三、课程目标

通过本课程的学习,学生达到计算机辅助设计绘图员技能证书的标准,具备燃气管道施工相关岗位要求的绘图技能。同时培养学生良好的职业道德,以及遵纪守法、求真务实的良好品质,并达到以下具体职业素养和职业能力目标。

(一) 职业素养目标

- 能利用国家标准设计图集指导识图的能力。
- 能利用多媒体获取信息的能力。
- 能利用网络资源自我学习的能力。

(二) 职业能力目标

- 能绘制管道工程施工图。
- 能运用基本修改命令进行图形编辑。
- 能进行图形尺寸标注。
- 能完成图形的显示与打印。

四、课程内容与要求

学习任务	技能与学习要求	知识与学习要求	参考学时
1. 建筑平面图绘制	1. 绘图准备 ● 能设置CAD工作界面 ● 能建立图层、设置图形界限、设置线型比例	1. CAD基础操作 ● 能再认工具栏的加载查询 ● 能应用图层、图形界限及线型 ● 能应用比例的设置方法	38
	2. 轴线的绘制 ● 能运用直线命令绘制直线、矩形、三角形等图形 ● 能运用直线绘图命令,通过偏移、修剪、倒角等编辑命令绘制和编辑轴线 ● 能运用正交模式、极轴追踪、对象捕捉、动态输入等辅助功能绘图 ● 能熟练运用"特性"对话框查看和编辑对象特性 ● 会运用"特性匹配"命令使目标对象的特性与源对象一致	2. 直线、修剪、倒角命令 ● 能复述绝对坐标、相对坐标的输入方法 ● 能掌握轴线绘制的方法及要点	
	3. 墙线的绘制 ● 能进行多线样式的设置 ● 能运用多线命令绘制墙线 ● 能运用多线编辑命令编辑墙线	3. 多线命令 ● 能再认多线样式 ● 能复述墙线绘制的方法及要点	

学习任务	技能与学习要求	知识与学习要求	参考学时
1. 建筑平面图绘制	4. 门、窗的绘制 ● 能运用多线和圆命令绘制门、窗图形 ● 能运用"块定义"和"写块"命令将门、窗图形定义成内部图块和外部图块 ● 能熟练运用"插入"命令插入门、窗图块	4. 块命令 ● 能使用"块定义"对话框中图块名称输入、基点选择、对象选择等操作方法 ● 能使用"写块"对话框中文件名和路径选择、基点选择、对象选择等操作方法	38
	5. 轴线符号、家具及卫生器具的绘制 ● 能运用圆、直线命令绘制轴线符号 ● 能运用圆、椭圆及多边形命令绘制家具及卫生器具	5. 圆、椭圆及多边形命令 ● 能再认轴线符号、家具及卫生器具的绘制方法及要点	
	6. 楼梯间平面图的绘制 ● 能运用直线、偏移、阵列、修剪等命令绘制楼梯间平面图	6. 偏移、阵列命令 ● 能记住楼梯间平面图的绘制方法及要点	
	7. 指北针的绘制 ● 能运用多段线命令绘制指北针	7. 多段线命令 ● 能识别多段线命令行中的各项参数	
	8. 平面图修饰 ● 能运用"图案填充"和"渐变色"命令完成平面图形的修饰	8. 图案填充命令 ● 能记住"图案填充"对话框中类型和图案、角度和比例、图案填充原点、边界等设置方法 ● 能复述"渐变色"对话框中颜色、方向、边界等设置方法	
	9. 文字说明 ● 能设置文字样式 ● 能运用单行文字和多行文字命令输入文字 ● 能完成文字的编辑	9. 文字标注命令 ● 能辨认单行文字与多行文字输入法的不同	
	10. 尺寸标注 ● 能制定符合国标的标注样式 ● 能运用标注命令进行尺寸标注 ● 能完成尺寸编辑和尺寸标注样式更新	10. 尺寸标注命令 ● 能记住线性、对齐、直径、半径、角度、快速引线等标注命令的图例 ● 能归纳尺寸标注的技巧	
	11. 图框的绘制 ● 能使用矩形命令绘制图框	11. 矩形命令 ● 能记住矩形命令中各参数的含义	

（续表）

学习任务	技能与学习要求	知识与学习要求	参考学时
1. 建筑平面图绘制	12. 图签的绘制 ● 能完成表格样式的设置 ● 能熟练绘制和编辑图签表格 ● 能完成表格中文字的输入	12. 表格命令 ● 能识别表格样式的设置方法 ● 能记住"表格插入"对话框中表格样式选择、插入方式选择、行和列设置等操作方法	38
2. 建筑立面图绘制	1. 绘图准备 ● 能导出平面图形 ● 能新建、关闭和冻结图层 ● 能运用直线命令绘制辅助线	1. 图层和辅助线 ● 能记住图层的新建、关闭和冻结的方法 ● 能归纳辅助线的绘制要点	14
	2. 门、窗的绘制 ● 能运用直线、圆等命令绘制立面门、窗 ● 能将门、窗定义成内部图块 ● 能运用阵列等命令完成全部门、窗的绘制	2. 门、窗的绘制方法 ● 能复述立面图中门、窗的绘制方法及要点	
	3. 墙线的绘制 ● 能运用直线等命令绘制立面墙线 ● 能运用"图案填充"命令完成立面图修饰	3. 墙线的绘制方法 ● 能再认立面图中墙线的绘制方法及要点	
	4. 标高的标注 ● 能运用直线命令绘制标高符号 ● 能将标高定义成属性图块 ● 能完成标高的标注和修改	4. 标高的标注方法 ● 能记住标注标高的方法	
3. 管道工程施工图绘制	1. 管道平面图的绘制 ● 能绘制燃气管道图例 ● 能设置燃气管道的线型 ● 能绘制燃气管道平面布置图	1. 管道平面图 ● 能列举管道平面布置图所包含的内容 ● 能记住管道平面图的绘制要点	16
	2. 管道系统图的绘制 ● 能运用绘图和编辑命令绘制管道系统图	2. 管道系统图 ● 能列举管道系统图所包含的内容 ● 能记住管道系统图的绘制要点	
	3. 管道安装详图的绘制 ● 能运用绘图和编辑命令绘制管道安装详图	3. 管道安装详图 ● 能记住管道安装详图的绘制要点	

（续表）

学习任务	技能与学习要求	知识与学习要求	参考学时
3. 管道工程施工图绘制	4. 施工说明的编写 ● 能完成文字样式的设置 ● 能完成施工说明的编写	4. 施工说明 ● 能记住文字样式的设置方法	16
	5. 材料表的编制 ● 能运用"表格样式"对话框完成表格样式的设置 ● 能绘制和编辑材料表 ● 能完成材料表中的文字输入	5. 材料表 ● 能识别表格样式的设置方法 ● 能记住"表格插入"对话框中表格样式选择、插入方式选择、行和列设置等操作方法	
4. 图形显示与打印	1. 图形显示控制与查询 ● 能进行视图缩放、视图平移、鸟瞰视图、重画与重生成 ● 能查询图形对象的特性	1. 图形显示控制与查询 ● 能识别图形显示的设置和控制方式 ● 能复述图形对象特性的查询方法	4
	2. 图形打印 ● 能添加和设置打印机 ● 能打印 CAD 图形 ● 能进行图形输出比例的调整	2. 图形打印方法与技巧 ● 能说出打印样式及打印机的设置方法 ● 能归纳基本的图形输出技巧	
总学时			72

五、实施建议

（一）教材编写或选用建议

1. 应依据本课程标准编写教材或选用教材,从国家和市级教育行政部门发布的教材目录中选用教材,优先选用国家和市级规划教材。

2. 教材应将本专业职业活动分解成若干典型的工作项目,以工作任务为引领,以工作项目为载体,强调理论与实践相结合,按活动项目组织编写内容。项目任务应具有较强的可操作性、实用性,加强学生实际动手能力的培养。

3. 教材应图文并茂,循序渐进,讲解清楚,以提高学生的学习兴趣,熟练 CAD 绘图软件的使用。凡工作岗位涉及的实践活动,应以岗位操作规范为基准,并将其纳入教材。

4. 教材内容应体现先进性、通用性、实用性,要在本标准的基础上有所拓展,可将 CAD 绘图软件及绘图标准的新信息及时纳入教材,使教材更贴近本专业的发展和实际需要。

5. 在教材编写中要突出培养学生正确的、科学的思想方法,以适应城市供燃发展的需要。

6. 教材中专业技术名称的专用英文名词应提供中文注释。

（二）教学实施建议

1. 全面推进课程思政建设，寓价值观引导于知识传授和能力培养之中，帮助学生塑造正确的世界观、人生观、价值观。要深入梳理教学内容，结合课程特点，充分挖掘课程思政元素，有机融入课程教学，达到润物无声的育人效果。

2. 在教学过程中，应充分运用管道工程 CAD 的相关知识，理论结合实践，加深学生的客观形象认识，提高学生的岗位适应能力。

3. 在教学过程中，要运用多媒体教学资源辅助教学，帮助学生熟练 CAD 绘图软件的使用。

4. 在教学过程中，运用思考、实践、讨论、交流、评价等多种形式促使学生自行解决问题，自主探索操作步骤和实验方法，在学习过程中发现问题、提出问题、解决问题，并最后完整地达到任务目标要求。为学生提供职业生涯发展的空间，努力培养学生的创新精神和职业能力。

（三）教学评价建议

1. 应以本课程标准为依据开展学生学业评价。

2. 改革传统的学生评价手段和方法，采用阶段评价、目标评价、项目评价、理论与实践一体化评价模式。

3. 关注评价的多元性，结合课堂提问、学生作业、平时测验、实验实训、技能竞赛及考试等情况，综合评定学生成绩。

4. 应注重对学生的动手能力和在实践中分析问题、解决问题能力的考核，对在学习和技术应用上有创新的学生应给予特别鼓励，要综合评价学生的能力。

（四）资源利用建议

1. 开发适合教师与学生使用的工程图多媒体教学课件。同时，建议加强该课程常用教学资源的开发，建立多媒体教学资源数据库，努力实现学校多媒体教学资源的共享，以提高教学资源利用效率。

2. 积极开发和利用网络课程资源，充分利用诸如电子书籍、电子期刊、数据库、数字图书馆、教育网站和电子论坛等网络信息资源，使教学从单一媒体向多种媒体转变。同时应积极创造条件构建远程教学平台，扩大课程资源的交互空间。

3. 产学合作开发实验实训课程资源，充分利用本行业典型的企业资源，加强产学合作，建立实习实训基地，满足学生的实习、实训需求，同时为学生的就业创造机会。

4. 建议设立本课程实训室，使之具备现场教学、实验实训的功能，实现教学与实训合一，满足学生综合职业能力培养的要求。

流体输送课程标准

▌课程名称

流体输送

▌适用专业

中等职业学校城市燃气智能输配与应用专业

一、课程性质

本课程是中等职业学校城市燃气智能输配与应用专业一门重要的专业基础课程,旨在使学生通过本课程的学习掌握燃气输配系统流体输送的基本知识点、燃气管网水力计算、工程流体力学的基本概念和基本原理,掌握城市燃气智能输配与应用专业常用流体输送设备操作的基本技能,并具有一定的分析、解决本专业中涉及流体力学问题的能力。本课程是为学生学习城市燃气其他相关专业课程打下基础而开设。

二、设计思路

本课程根据城市燃气智能输配与应用专业相应职业岗位的工作任务与职业能力分析结果,以燃气热水器安装维修、商用厨房管道敷设检修、管道水力计算等工作岗位涉及的流体力学基础知识为依据设置。

课程内容的组织按照职业能力的发展规律和学生的认知规律,根据学科知识自身的组织逻辑进行编排,包括流体静压强测量,流体流量测定,燃气管道流量设计和计算,民用燃气设备安装、调试、检修,锅炉燃气用量计算,蒸汽管道热量计算,离心泵的运行操作与管理7 个学习主题。

本课程建议学时数为 72 学时。

三、课程目标

通过本课程的学习,学生掌握基本理论知识,能够运用连续性、能量、动量三大方程,学会利用所学的知识解决在流体输配中牵涉到流体力的实际问题,同时也融入燃气专业特点,结合企业岗位需求,并将职业道德、安全意识融入课程中,达成以下职业素养和职业能力目标。

(一) 职业素养目标

● 严格遵守燃气器具安装维修的操作流程,规范穿戴工作服,养成严谨细致的工作习惯,树立安全第一的意识。

- 有较强求知欲,在专业工作中,遇到问题时,有与他人团队合作的精神。

- 有较长时间坚持在燃气相关工作岗位的耐心与毅力,不怕累不怕苦不怕脏,养成吃苦耐劳的品德。

- 能根据实际工况进行设备调整,有创新意识。

- 具有环境保护、节能减排意识。

(二) 职业能力目标

- 能依据家用燃气快速热水器使用规范,根据家用燃气热水器分类、型号、规格及结构原理,为燃气热水器安装调试工作做准备。

- 能根据产品说明书对燃气热水器安装进行适用性检查。

- 能根据产品说明书对燃气热水器进行调试。

- 能依据燃气热水器使用手册,根据燃气热水器主要部件的工作原理,为燃气热水器维修工作做准备。

- 能根据故障现象使用相应工具对燃气热水器气路、水路故障进行判别处理。

- 能依据商用厨房燃气设备排风规范标准,根据商用厨房燃气设备排风需求,为商用厨房排风系统设计、安装、调试工作做准备。

- 能根据商用厨房条件要求及现场环境规范,识读商用厨房排风系统施工图,与小组成员合作,合理使用相应工具设备规范地完成商用厨房排风设备调试。

- 能根据商用燃气管道设计规范完成商用燃气管道水力计算。

- 能根据现场环境及商用热水炉设计规范,识读商用热水炉系统施工图。

四、课程内容与要求

学习主题	内　　容	学　习　要　求	参考学时
1. 流体静压强测量	1. 流体静力学基础性知识及研究内容	- 能正确阐述质量守恒原理、动量定理 - 能结合具体问题,对质量力、表面力进行分析 - 能正确阐述流体的主要物理性质 - 能正确阐述流体静力学的研究内容	12
	2. 流体静压强及其特性	- 能解释流体静压强及其特性	
	3. 流体平衡微分方程	- 能正确阐述流体平衡微分方程	
	4. 流体静压强的分布规律	- 能结合具体问题总结流体静压强的分布规律	

（续表）

学习主题	内 容	学 习 要 求	参考学时
1. 流体静压强测量	5. 静水压强的计算和测量	● 能解释压强的计算基准 ● 能正确识读各类压强测量仪器、仪表 ● 能正确使用工具对压力表进行校验和拆装	12
	6. 静压强方程式	● 能正确阐述静水压强方程式 ● 能根据静水压强方程式进行压强的计算	
	7. 静水压强测量	● 能正确阐述静水压强测量的原理与要求 ● 能结合静水压强测量实验步骤进行准确测量，并对实验结果进行准确分析	
2. 流体流量测定	1. 流体流动基本知识	● 能正确阐述流体流动的基本概念 ● 能正确阐述过流断面、流量和断面平均流速的定义	12
	2. 连续性方程	● 能正确阐述质量守恒原理在流体力学中的具体表述形式 ● 能运用连续性方程计算燃气管路中的流速 ● 能利用连续性方程分配燃气管段流量，并确定燃气管道管径	
	3. 燃气管网流量分配	● 能正确阐述枝状管网和环状管网的概念 ● 能根据枝状管网和环状管网的特点进行简单的枝状管网、环状管网流量分配计算	
	4. 恒定流能量方程	● 能正确阐述理想流体和实际流体恒定流能量方程	
	5. 稳定气流能量方程	● 能正确阐述稳定气流能量方程式 ● 能应用稳定气流能量方程计算燃气输送管路中的水力计算问题	
	6. 能量方程的应用	● 能根据燃气管道特点正确分析流动过程 ● 能根据燃气管道设置准确选取过流断面、选取基准面 ● 能应用能量方程计算燃气管路中流速、流量 ● 能应用能量方程进行虹吸管装置中的水力计算	
	7. 流量测量	● 能正确阐述常用流量计的测量原理 ● 能正确选用各种流量测量仪表并进行读数 ● 能测定孔板流量计的流量系数 α ● 能根据实验数据绘制流量计的校正曲线	

（续表）

学习主题	内　容	学　习　要　求	参考学时
3. 燃气管道流量设计和计算	1. 沿程阻力损失和局部阻力损失	● 能正确阐述能量损失的计算公式 ● 能正确阐述流体在流动过程中存在两种能量损失：沿程能量损失、局部能量损失	12
	2. 层流、紊流与雷诺数	● 能正确阐述两种流态 ● 能正确阐述雷诺数基本概念 ● 能根据流体状态进行雷诺数计算	
	3. 燃气管道-圆管中的层流运动	● 能正确阐述均匀流动方程式 ● 能根据燃气管道特点进行沿程阻力系数计算	
	4. 紊流特征和紊流阻力	● 能正确阐述紊流运动的特征	
	5. 管道局部损失	● 能正确阐述变管径的局部损失 ● 能正确阐述弯管的局部损失 ● 能正确阐述三通的局部损失	
	6. 燃气压力管流的水力计算	● 能正确阐述串联、并联管道的概念和特点 ● 能根据不同管网敷设进行简单长管的水力计算 ● 能使用水力坡度进行串联管路的水力计算 ● 能进行简单枝状管网的水力计算	
	7. 燃气管网及室内燃气管道设计计算	● 能根据燃气分配管网段进行流量的计算 ● 能根据不同管网敷设进行水力计算 ● 能根据室内燃气管道设计进行计算 ● 能根据具体要求进行室内燃气管道及燃具的布置	
4. 民用燃气设备安装、调试、检修	1. 燃气管道气密性判断	● 能根据理想气体状态方程计算不同状态下燃气管道系统的压力 ● 能根据压力损失判断管道的气密性是否达标	8
	2. 民用燃气灶	● 能正确阐述家用燃气灶的分类 ● 能正确阐述家用燃气灶的组成及使用注意事项	
	3. 民用燃气热水器	● 能正确阐述燃气热水器的分类、家用燃气热水器的组成及使用注意事项 ● 能准确识别燃气热水器的部件名称，能准确阐述其工作原理 ● 能使用相应工具进行燃气热水器安装、调试、检查维修	
	4. 厨房燃气设备	● 能依据需求为商用厨房排风系统设计、安装、调试工作做准备 ● 能根据商用厨房条件要求及现场环境规范，识读商用厨房排风系统施工图并解决实际问题	

学习主题	内　容	学　习　要　求	参考学时
5. 锅炉燃气用量计算	1. 燃气放热量（水的吸热量计算）	● 能正确阐述水蒸气焓-熵图各参数的含义 ● 能识读焓-熵图，会查阅不同状态下水蒸气的焓值 ● 能正确阐述开口系统能量方程式及各项参数的含义 ● 能根据焓计算水的吸热量	8
	2. 燃气用量计算	● 能正确阐述天然气发热量的含义 ● 能计算锅炉每小时的燃气用量	
6. 蒸汽管道热量计算	1. 锅炉炉墙导热量计算	● 能正确阐述多层平壁导热计算公式中参数的含义 ● 能根据导热公式计算锅炉炉墙导热热阻 ● 能根据导热公式计算锅炉炉墙导热量 ● 能计算各层保温层表面的温度	8
	2. 蒸汽管道的热损失计算	● 能正确阐述多层圆筒壁导热量计算公式中参数的含义 ● 能根据热损失计算公式计算蒸汽管道热损失	
	3. 蒸汽管道表面散热量计算	● 能正确阐述对流换热量计算公式中各参数的含义 ● 能根据对流换热量计算公式计算蒸汽管道表面对流换热系数 ● 能根据对流换热量计算公式计算蒸汽管道表面散热量	
7. 离心泵的运行操作与管理	1. 离心泵的结构与拆装	● 能正确阐述离心泵的作用、组成及工作原理 ● 能正确阐述离心泵主要零部件的作用 ● 能正确使用常用及专用拆装工具拆解和组装离心泵	12
	2. 离心泵工况点的确定	● 能正确阐述离心泵的流量、吸入压力、排出压力、扬程、转速、功率、效率、汽蚀余量等概念 ● 能绘制离心泵的 Q-H 曲线和管道系统 Q-H 曲线 ● 能确定离心泵的工况点	
	3. 离心泵的选型	● 能正确阐述离心泵选型原则 ● 能根据选型原则正确选择离心泵 ● 能根据使用需求确定泵的台数和备用率	
	4. 离心泵的操作	● 能正确阐述离心泵的开启与关闭的操作步骤 ● 能正确开、停泵	
	5. 离心泵常见故障判断	● 能正确阐述离心泵常见的故障 ● 能正确阐述离心泵常见故障的处理方法 ● 能判断离心泵常见的简单故障并进行处理	
总学时			72

五、实施建议

（一）教材编写或选用建议

1. 应依据本课程标准编写教材或选用教材，从国家和市级教育行政部门发布的教材目录中选用教材，优先选用国家和市级规划教材。

2. 教材应充分体现职业活动教学、实践导向的课程设计思想。

3. 教材要求体系完整、内容充实、概念准确、论述清晰、文字简练，职业活动的选取适合中职学校学生的学习需求。

4. 本课程理论知识与燃气行业发展联系密切，知识更新快、变动大，要求教学过程中及时把握燃气行业发展动态及燃气相关法律规范的更新，并对教材进行及时的补充和更新。

（二）教学实施建议

1. 应以本课程标准为依据实施教学。

2. 全面推进课程思政建设，寓价值观引导于知识传授和能力培养之中，帮助学生塑造正确的世界观、人生观、价值观。要深入梳理教学内容，结合课程特点，充分挖掘课程思政元素，有机融入课程教学，达到润物无声的育人效果。

3. 应加强对学生实际职业能力的培养，对于理论知识部分的教学，可采用职业活动教学法、角色扮演教学法、讨论法等教学方法。选取具有代表性的职业活动，以职业活动开篇，基本概念、难点、疑点等由职业活动引出，以职业活动的最终处理结尾。

4. 教学期间组织学生集体讨论，在讨论过程中，教师随时提问，进行启发、引导，尊重并鼓励学生的独立思考和独立见解，最后教师进行总结，使学生在职业活动分析或项目活动中掌握相关知识。

5. 教师要注重实践，更新观念，实践课的教学可推行观摩音像资料、辩论教学、模拟教学，组织学生参观燃气企业等教学方法。以学生为本，为学生提供自主发展的时间和空间，积极引导学生提升职业素养，努力培养学生的安全意识和提高学生的创新能力。

（三）教学评价建议

1. 应以本课程标准为依据开展学生学业评价。

2. 以评促教，以评促学，通过课堂教学及时评价，不断改进教学方法与手段。

3. 对学生的评价应采取多元评价，注重过程考核。

4. 采用形成性评价与总结性评价相结合的方式，注重课堂的参与度、平时课业、实践成果等学习过程的考核。注重平时成绩，设计课堂教学评价表，对学习过程中的小组讨论、课业、方案设计进行及时评分。

（四）资源利用建议

1. 本课程可配套电子课件、视频、习题库、试题库等教学资源，开发适合教学使用的多媒体教学资源库和多媒体教学课件、微课程、示范操作视频等。

2. 要充分利用网络资源，搭建网络课程平台，开发网络课程，实现优质教学资源共享。

3. 积极利用数字图书馆、电子期刊、电子书籍，使教学内容多元化，以此拓展学生的知识和能力。

上海市中等职业学校专业教学标准开发
总项目主持人　谭移民

上海市中等职业学校
城市燃气智能输配与应用专业教学标准开发
项目组成员名单

项目组组长	季　强	上海交通职业技术学院
项目副组长	李　烨	上海交通职业技术学院
项目组成员	丁燕妮	上海交通职业技术学院
	于海照	上海交通职业技术学院
	卫晶菁	上海市奉贤中等专业学校
	朱林霞	上海交通职业技术学院
	任　勇	上海市北燃气销售有限公司
	孙　斌	上海市奉贤中等专业学校
	肖　梅	上海交通职业技术学院
	吴东雯	上海大众燃气有限公司
	金黎超	上海市奉贤中等专业学校
	屈　岩	上海交通职业技术学院
	洪　伟	上海市奉贤中等专业学校
	黄艳飞	上海交通职业技术学院
	渊　博	上海交通职业技术学院
	靳　琪	上海交通职业技术学院
	蔡操平	上海交通职业技术学院

上海市中等职业学校
城市燃气智能输配与应用专业教学标准开发
项目组成员任务分工表

姓　名	所　在　单　位	承　担　任　务
季　强	上海交通职业技术学院	城市燃气智能输配与应用专业教学标准研究和推进
李　烨	上海交通职业技术学院	教学标准研究、撰写、文本审核和统稿 承担燃气燃烧应用课程标准研究与撰写
丁燕妮	上海交通职业技术学院	教学标准研究、文本校对、统稿
于海照	上海交通职业技术学院	承担燃气输配与智能管网运行课程标准研究与撰写
卫晶菁	上海市奉贤中等专业学校	承担燃气管道工程制图与识图课程标准研究与撰写
朱林霞	上海交通职业技术学院	教学标准研究、文本审核
任　勇	上海市北燃气销售有限公司	承担工作任务与职业能力分析表调研与撰写
孙　斌	上海市奉贤中等专业学校	承担城市燃气基础课程标准研究与撰写
肖　梅	上海交通职业技术学院	承担工程测量课程标准研究与撰写
吴东雯	上海大众燃气有限公司	承担工作任务与职业能力分析表调研与撰写
金黎超	上海市奉贤中等专业学校	承担流体输送课程标准研究与撰写
屈　岩	上海交通职业技术学院	承担燃气具安装与维修课程标准研究与撰写 承担燃气客户服务课程标准研究与撰写
洪　伟	上海市奉贤中等专业学校	教学标准研究、文本审核
黄艳飞	上海交通职业技术学院	承担电工电子基础课程标准研究与撰写
渊　博	上海交通职业技术学院	承担燃气管道工程 CAD 课程标准研究与撰写
靳　琪	上海交通职业技术学院	承担建筑设备安装课程标准研究与撰写 承担燃气工程施工课程标准研究与撰写
蔡操平	上海交通职业技术学院	承担热工测量与智能仪表课程标准研究与撰写

图书在版编目（CIP）数据

上海市中等职业学校城市燃气智能输配与应用专业
教学标准 / 上海市教师教育学院（上海市教育委员会教
学研究室）编. — 上海：上海教育出版社，2024.10.
ISBN 978-7-5720-2580-8

Ⅰ. TU996.6-41

中国国家版本馆CIP数据核字第2024WV0053号

责任编辑　汪海清
封面设计　王　捷

上海市中等职业学校城市燃气智能输配与应用专业教学标准
上海市教师教育学院（上海市教育委员会教学研究室）　编

出版发行　上海教育出版社有限公司
官　　网　www.seph.com.cn
地　　址　上海市闵行区号景路159弄C座
邮　　编　201101
印　　刷　上海昌鑫龙印务有限公司
开　　本　787×1092　1/16　印张 7.5
字　　数　148 千字
版　　次　2024年10月第1版
印　　次　2024年10月第1次印刷
书　　号　ISBN 978-7-5720-2580-8/G·2274
定　　价　42.00 元

如发现质量问题，读者可向本社调换　电话：021-64373213